THE PREHISTORIC LIFE MAP OF THE WORLD

THE PREHISTORIC LIFE MAP OF THE WORLD

世界の恐竜MAP
驚異の古生物をさがせ！

文：土屋健　絵：ActoW・阿部伸二
監修：芝原暁彦

ヨーロッパ 4

グリーンランド	6	チェコ		18
スウェーデン	8	ウクライナ		20
ノルウェー	8	ルーマニア		22
エストニア	10	ベルギー		24
ラトビア	10	フランス		26
リトアニア	10	イタリア		28
イギリス	12	スイス		30
ドイツ	14	スペイン		32
ポーランド	16	ポルトガル		34

南北アメリカ 62

アメリカ（古生代）	64
（中生代）	66
（新生代）	68
カナダ	70
メキシコ	72
ブラジル	74
ウルグアイ	76
アルゼンチン	78
チリ	78

アフリカ 50

ナミビア	52
南アフリカ	52
マダガスカル	54
ケニア	56
タンザニア	56
エジプト	58
モロッコ	60

CON

ユーラシア・東アジア 36

- オマーン 38
- サウジアラビア 38
- ロシア 40
- ネパール 42
- パキスタン 42
- インド 42
- モンゴル 44
- 中国 46
- 日本 48

オセアニア・南極 80

- オーストラリア 82
- ニュージーランド 84
- 南極 86

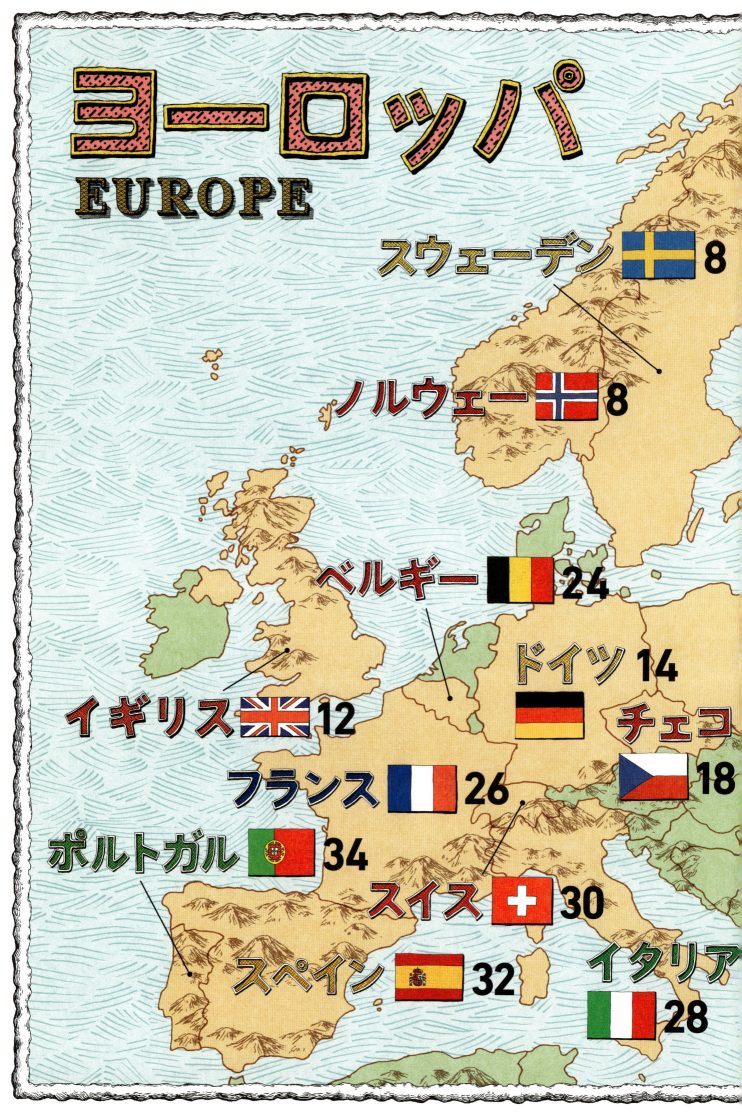

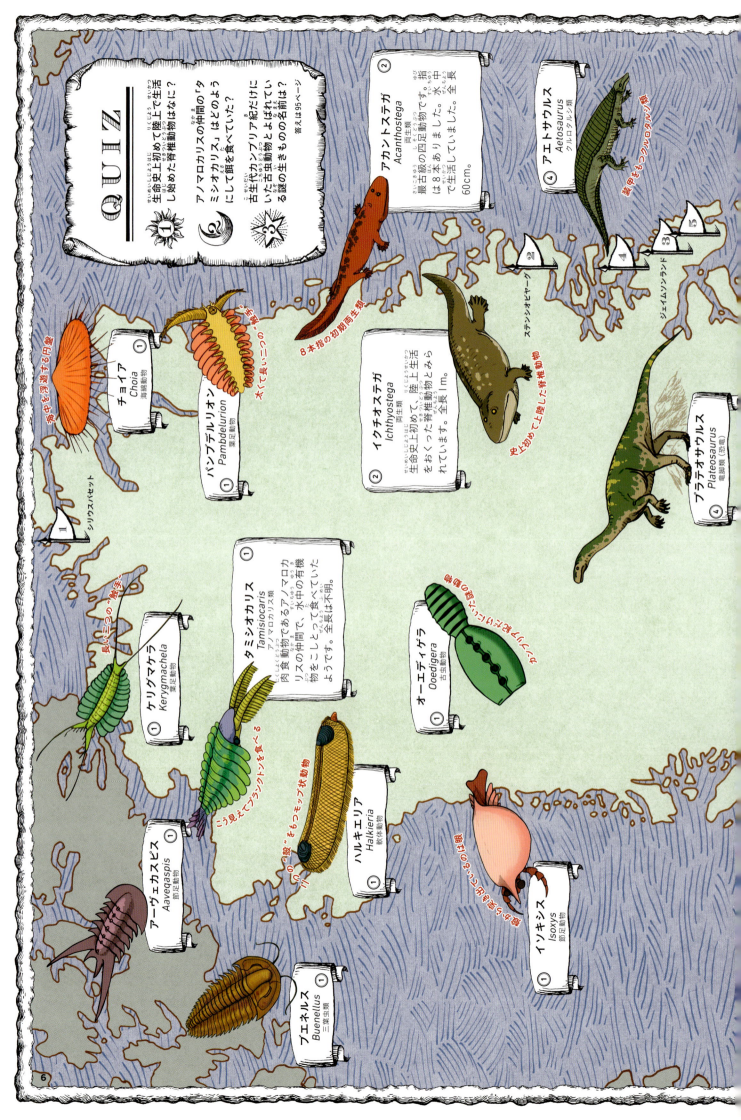

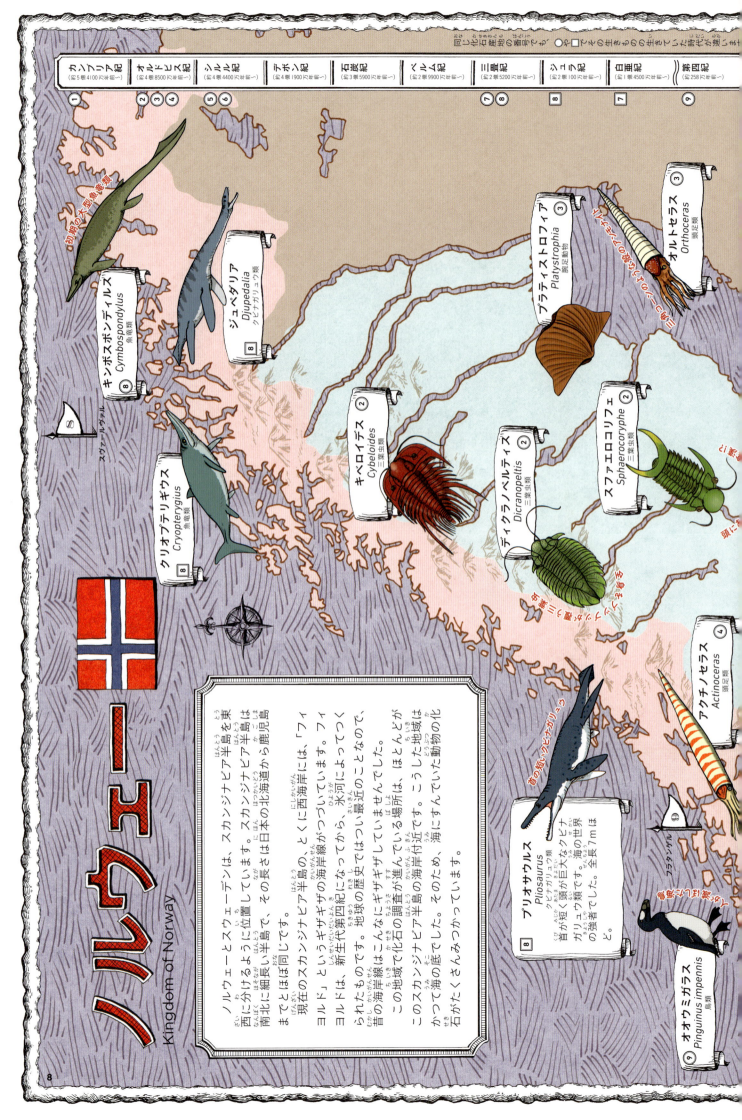

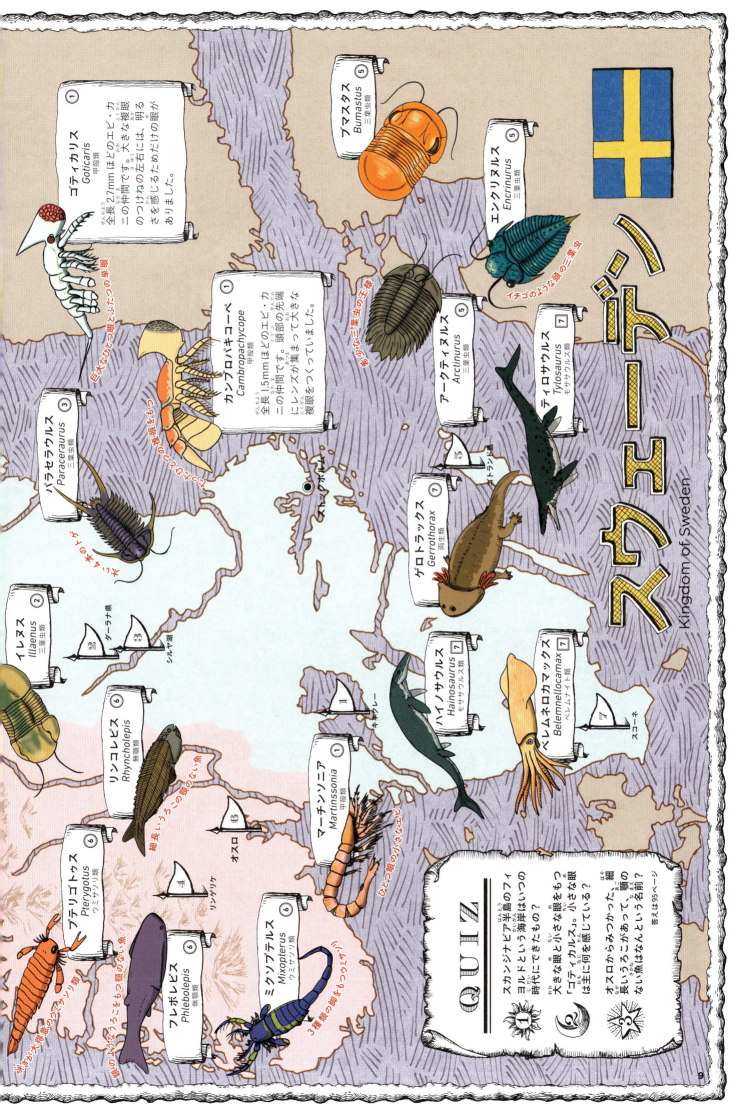

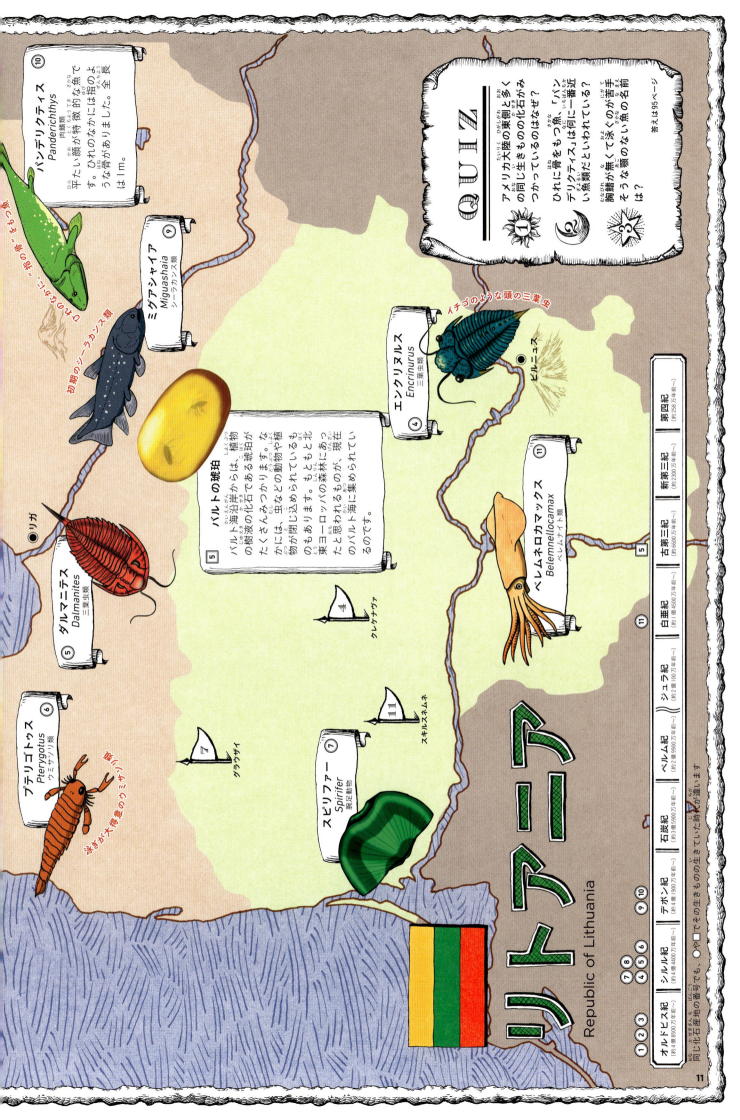

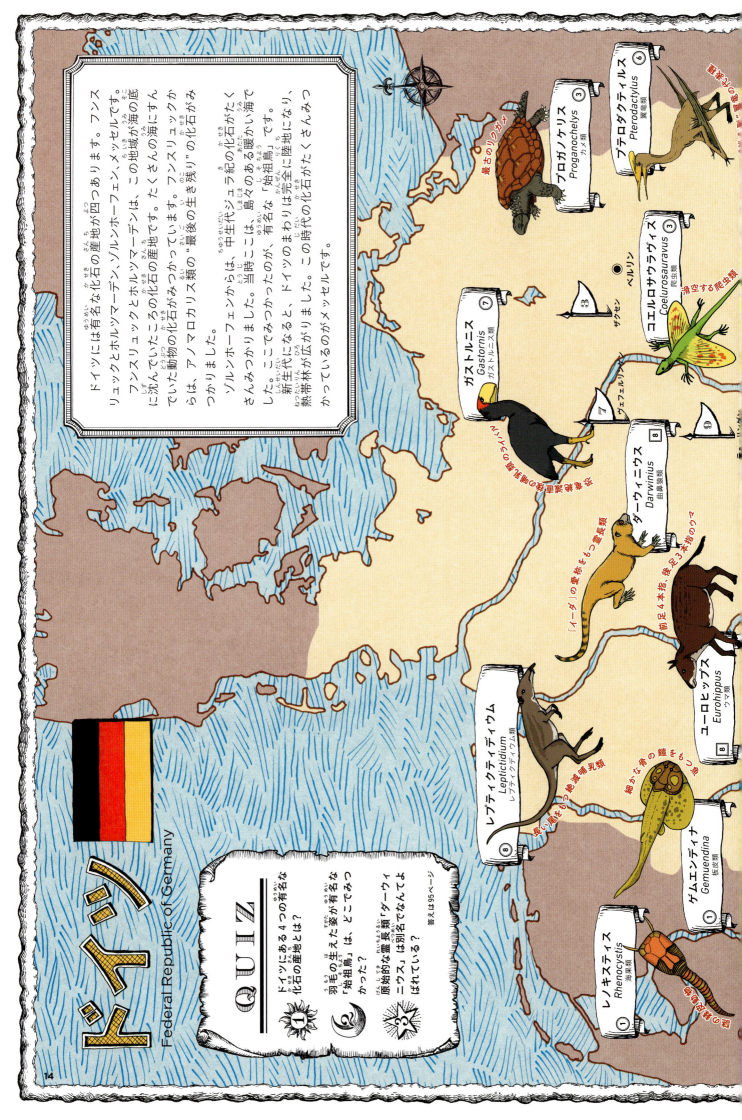

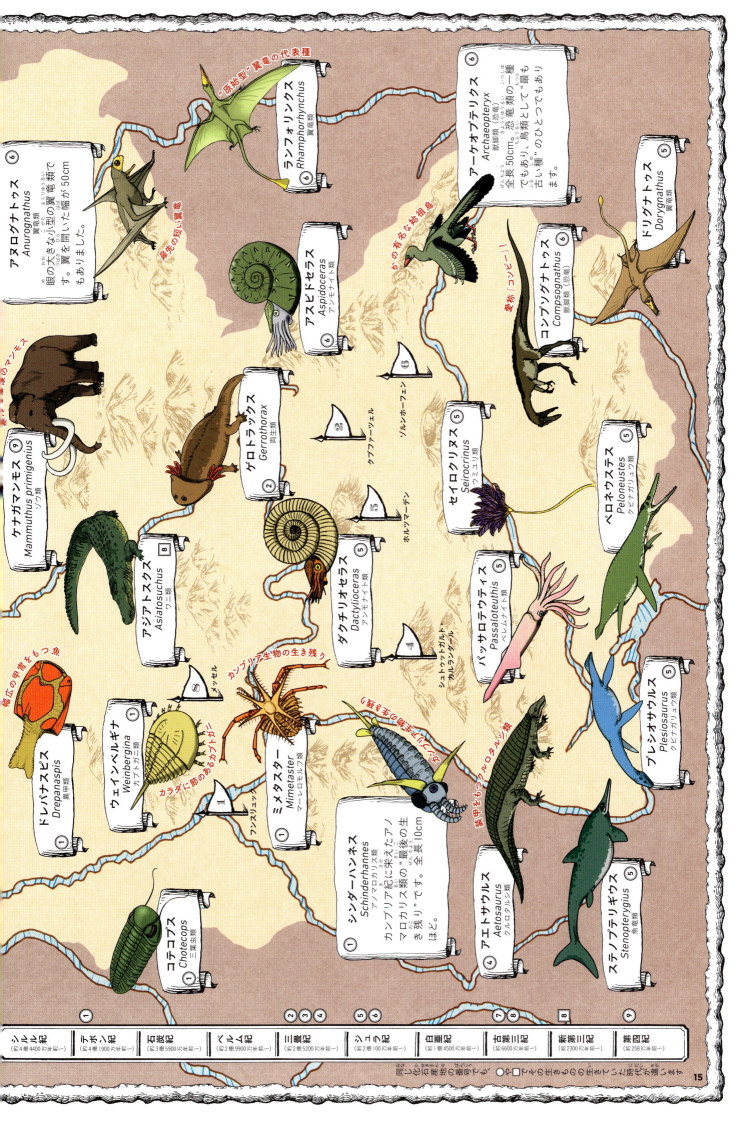

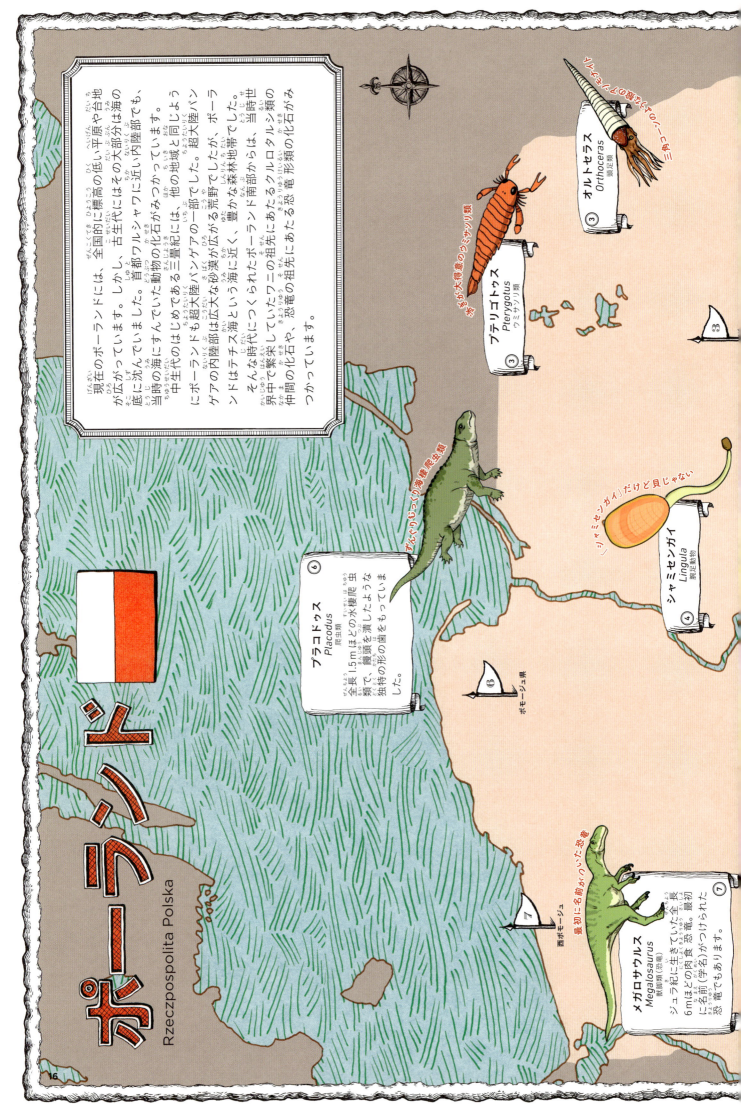

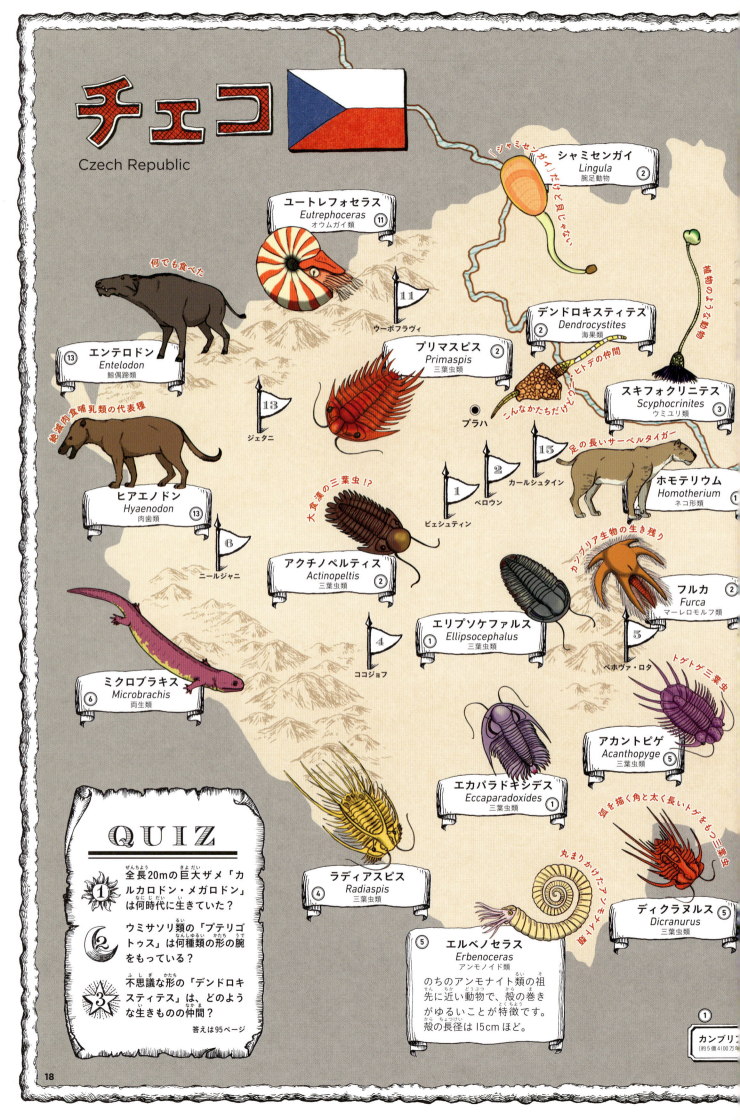

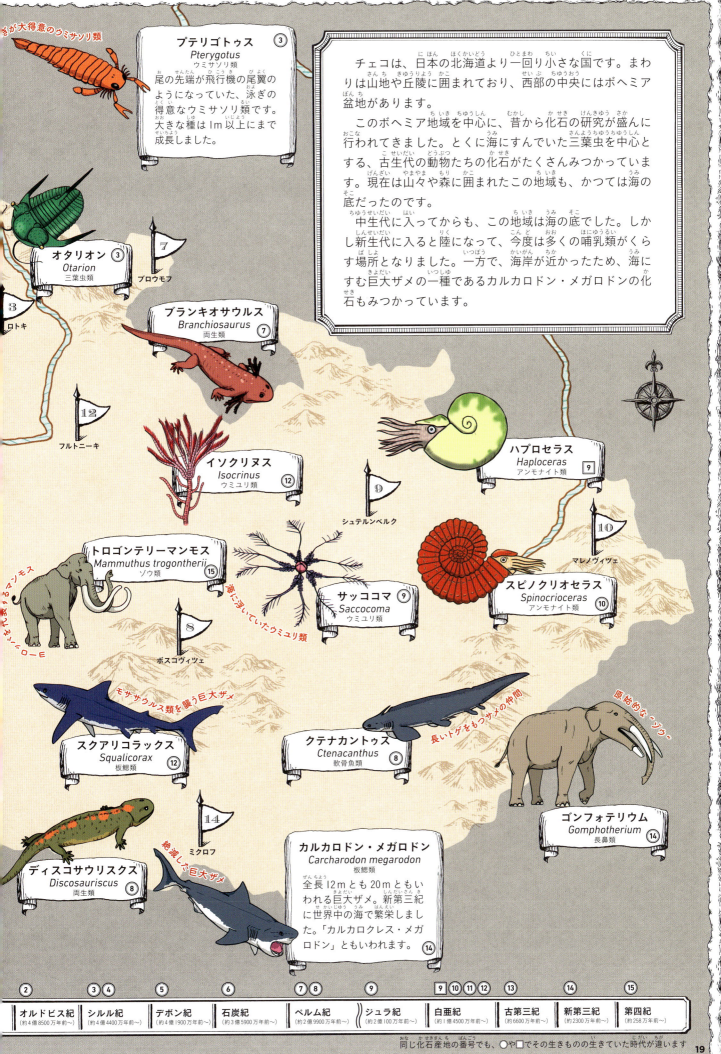

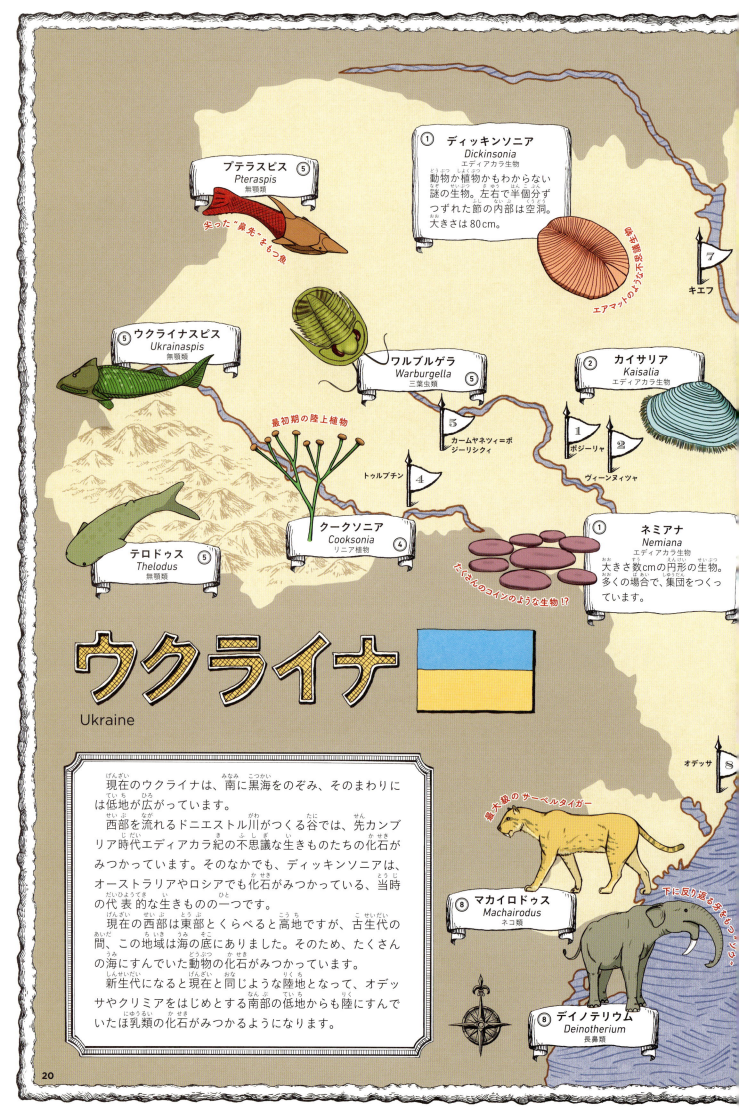

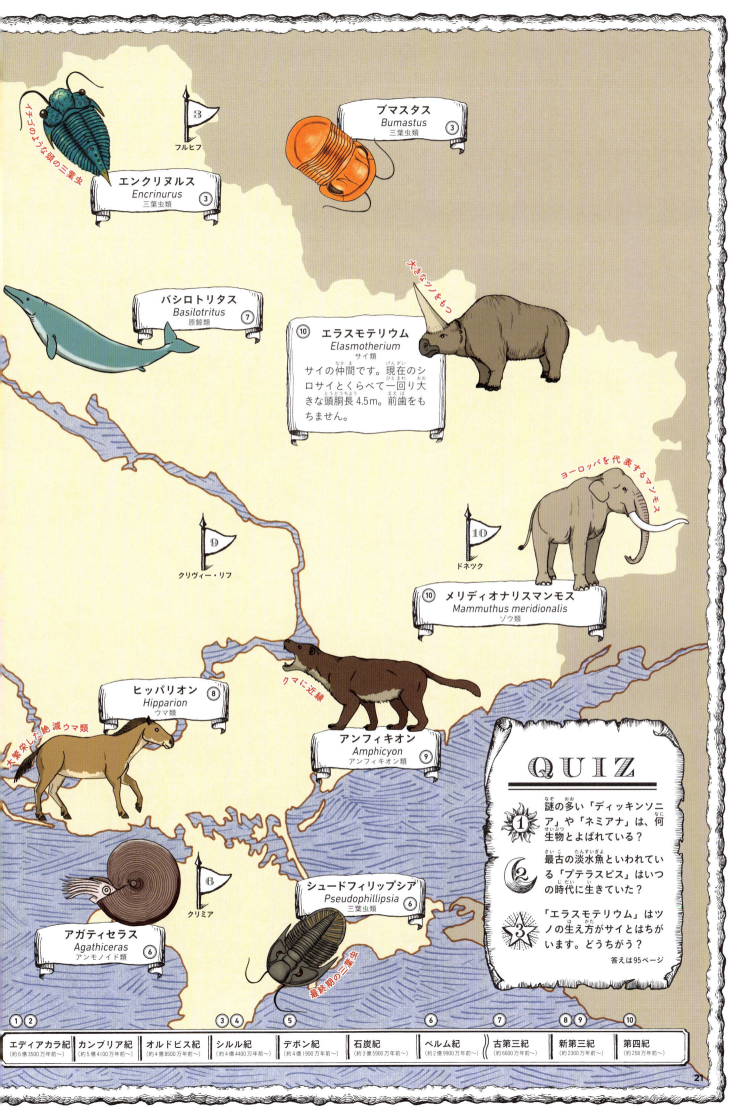

現在のルーマニアには、二つの大きな山脈があります。一つは北部から国の中心に向かって連なるカルパチア山脈。もう一つは、カルパチア山脈の南の端から西に向かって連なるトランシルヴァニア山脈です。

ルーマニアの化石の調査は、主にトランシルヴァニア山脈とそのまわりの地域で進んでいます。とくに山脈の西部からは、中生代白亜紀にすんでいた恐竜の化石がたくさんみつかっています。

ちなみに、こうした恐竜たちが生きていたときには、まだトランシルヴァニア山脈もカルパチア山脈もありませんでした。

最初に名前がついた恐竜

③ メガロサウルス
Megalosaurus
獣脚類（恐竜）

③ ビホル県

① パロニコドン
Paronychodon
獣脚類（恐竜）

2番目に名前のついた恐竜

③ イグアノドン
Iguanodon
鳥脚類（恐竜）

④ ランクラム

① フネドアラ

① バラウール
Balaur
獣脚類（恐竜）

① パウディティタン
Paludititan
竜脚類（恐竜）

① ザルモクセス
Zalmoxes
鳥脚類（恐竜）

④ ユーラズダルコ
Eurazhdarcho
翼竜類

① アロダポスクス
Allodaposuchus
ワニ類

翼を開くと12m!?巨大翼竜

① ハツェゴプテリクス
Hatzegopteryx
翼竜類
翼開長12mに達したとされる最大級の翼竜です。ただし、その全身像についてはよくわかっていません。

① ② ③ ④　　③ ⑤

シルル紀	デボン紀	石炭紀	ペルム紀	三畳紀	ジュラ紀	白亜紀	古第三紀	新第三紀	第四紀
(約4億4400万年前〜)	(約4億1900万年前〜)	(約3億5900万年前〜)	(約2億9900万年前〜)	(約2億5200万年前〜)	(約2億100万年前〜)	(約1億4500万年前〜)	(約6600万年前〜)	(約2300万年前〜)	(約258万年前〜)

同じ化石産地の番号でも、○や□でその生きものの生きていた時代が違います

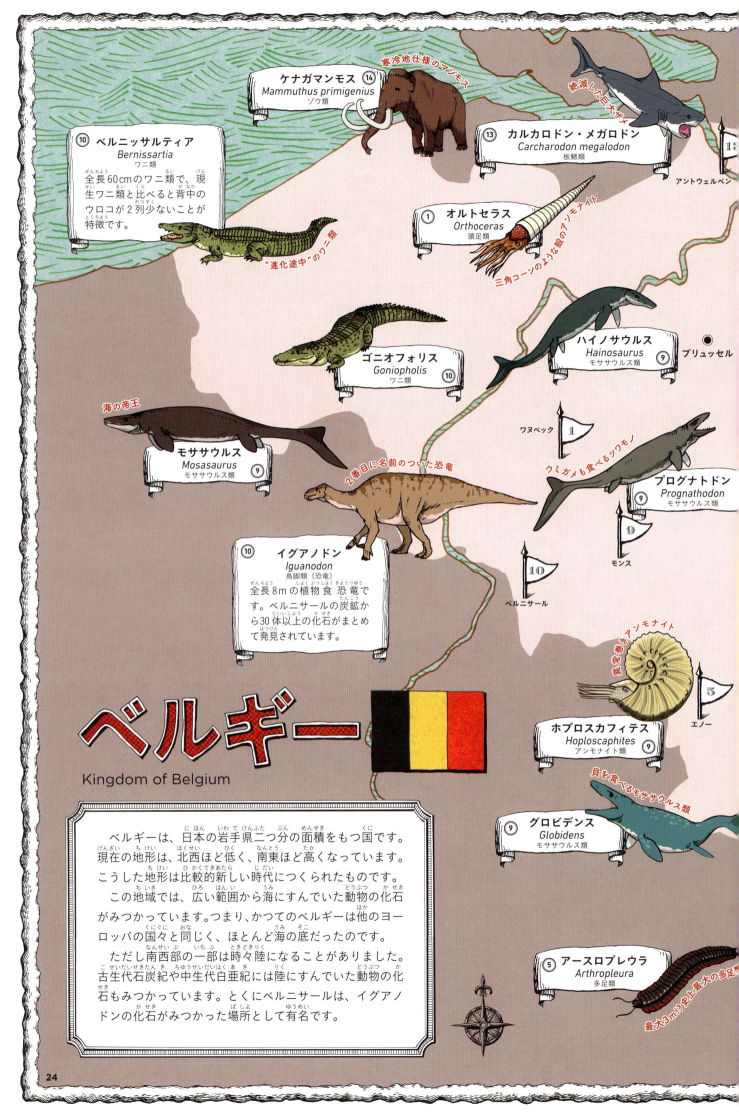

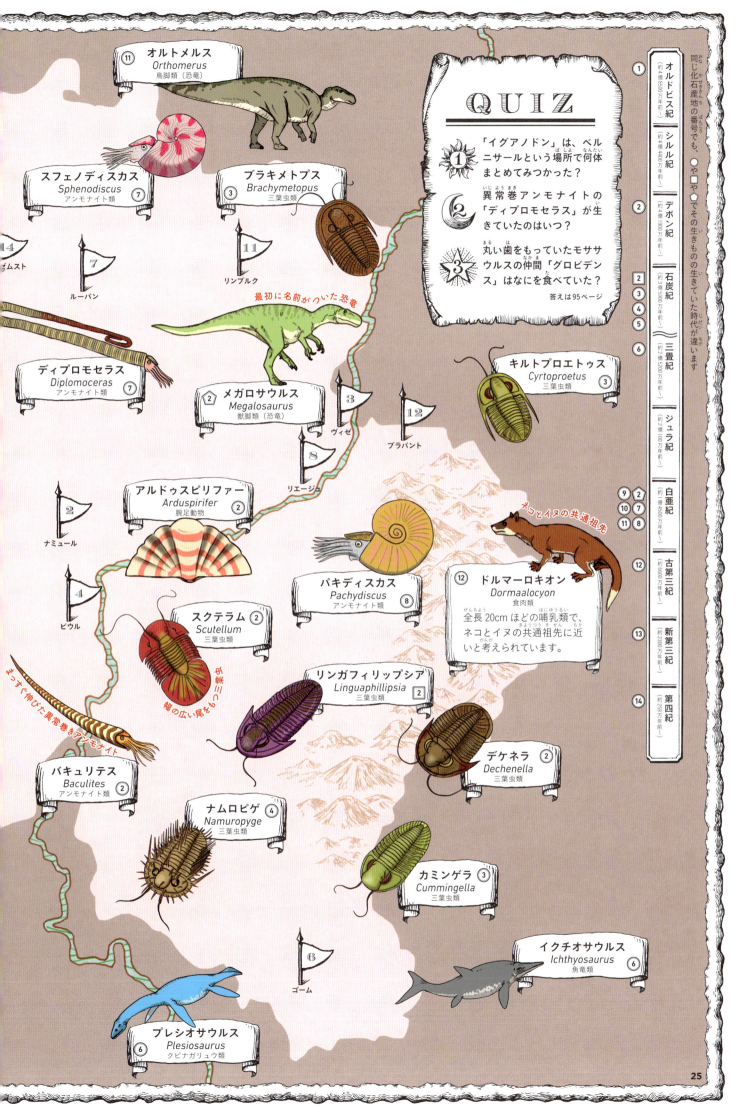

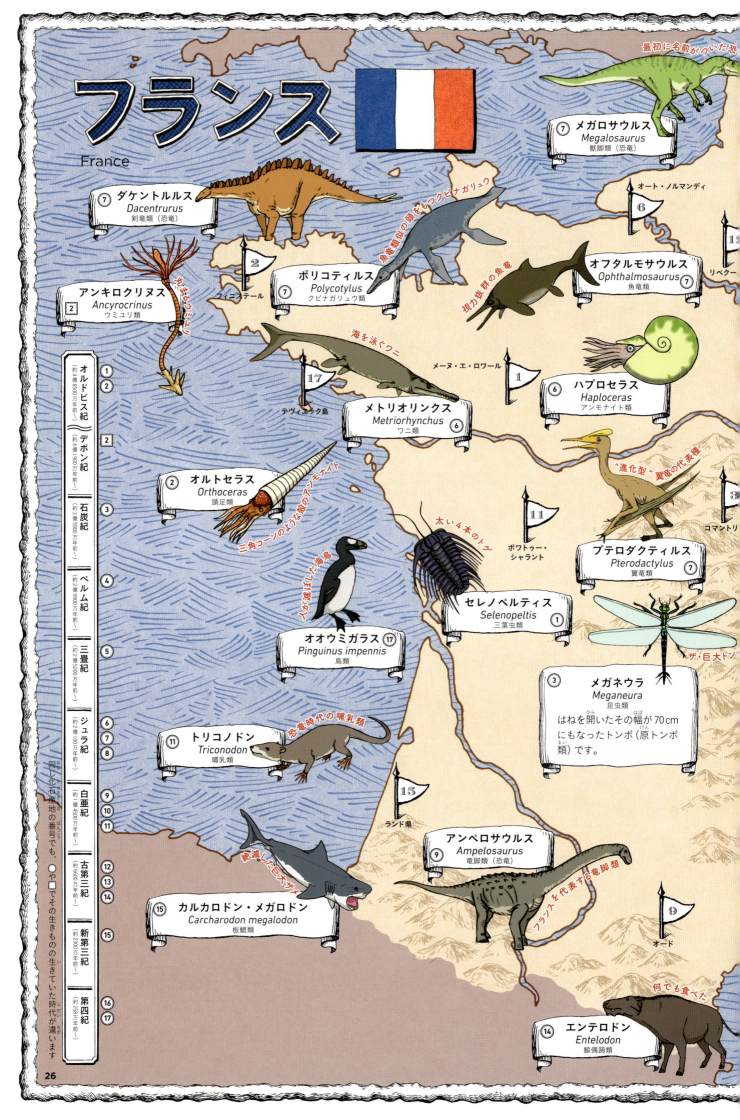

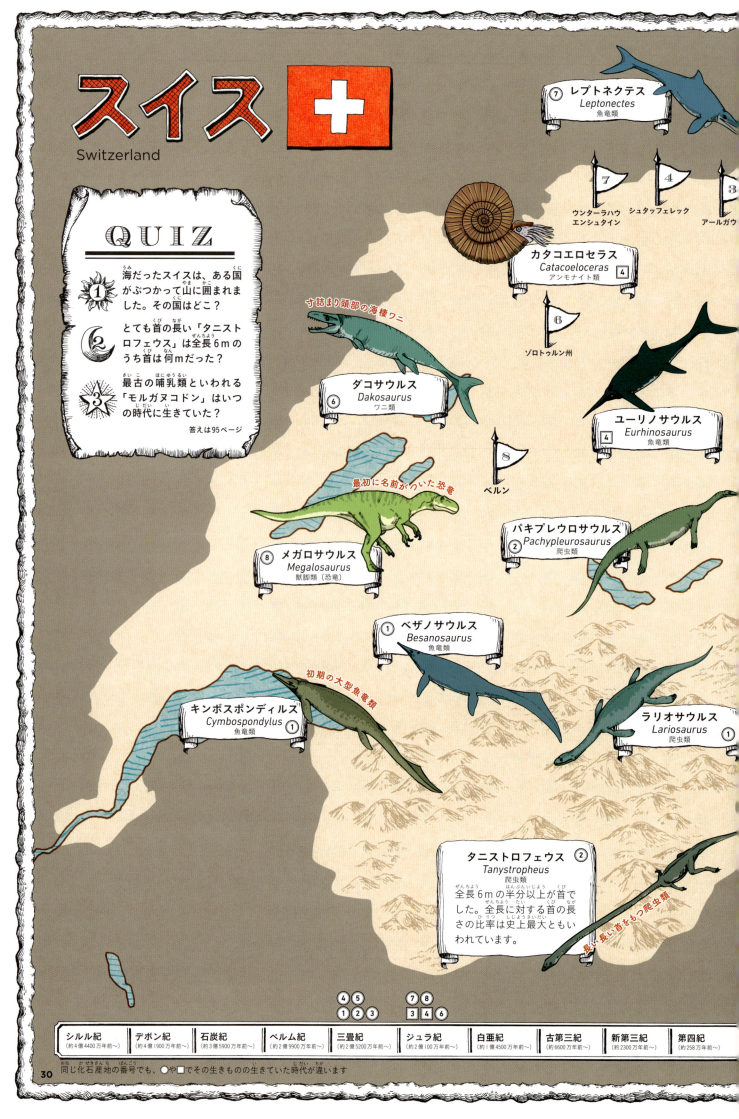

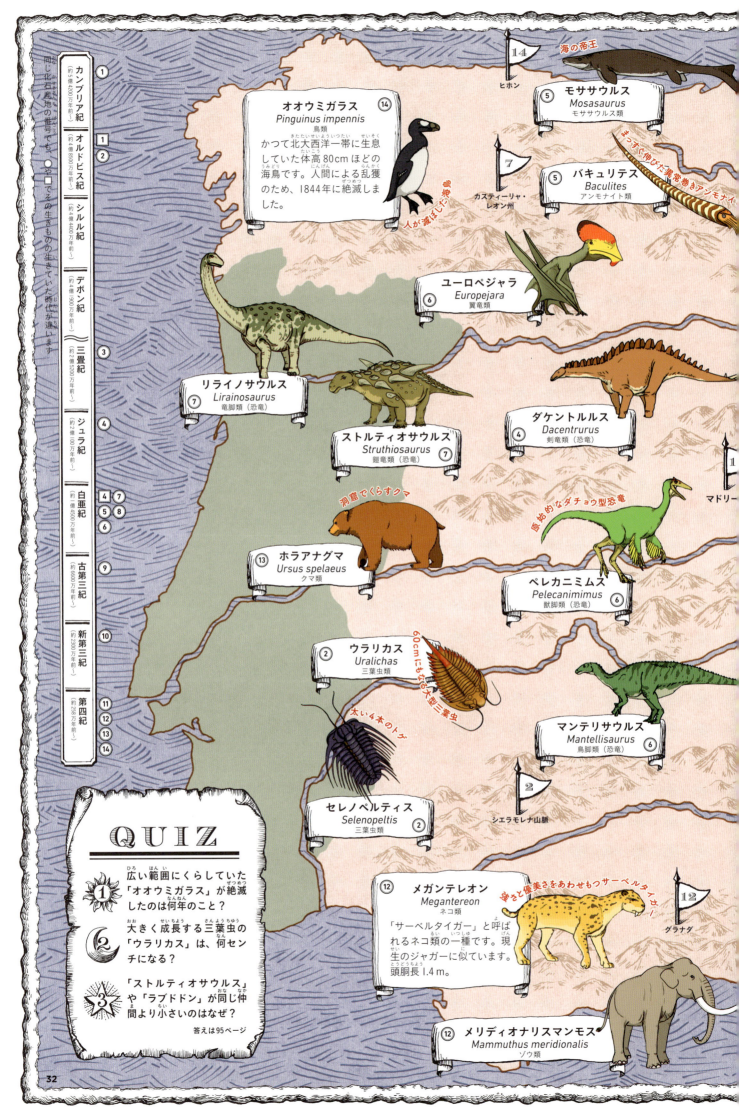

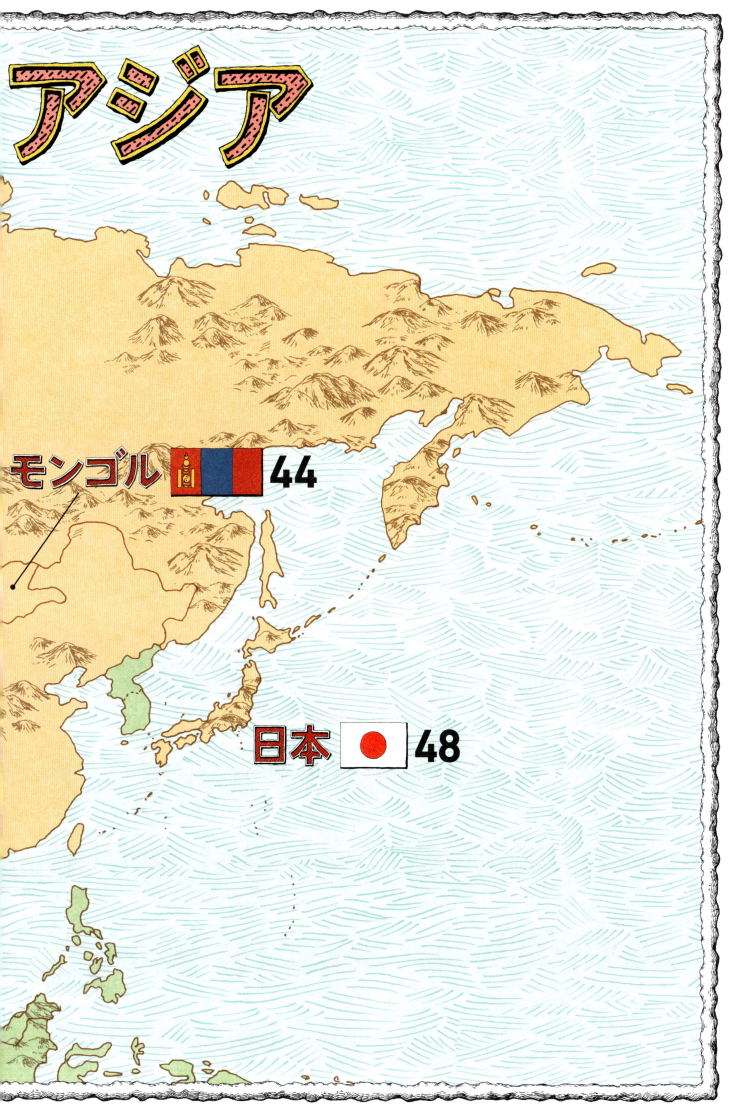

サウジアラビア
Kingdom of Saudi Arabia

①タブーク
②ジャウフ県
⑧カシーム州

「シャミセンガイ」だけど貝じゃない

シャミセンガイ ②
Lingula
腕足動物
古生代に繁栄した「腕足動物」の一種で、現在まで生き残っています。貝の部分の大きさは数cmほど。

パラセノセラス ⑩
Paracenoceras
オウムガイ類

ネセウレトゥス ①
Neseuretus
三葉虫類

ノトサウルス ⑧
Nothosaurus
爬虫類
クビナガリュウ類に似ていますが、4本の足はひれではなく、指がありました。全長3m。

クビナガリュウ類の"親戚"?

ミクロムファリテス ⑩
Micromphalites
アンモナイト類

シモサウルス ⑧
Simosaurus
爬虫類

メガフィリテス ⑨
Megaphyllites
アンモノイド類

- ① オルドビス紀（約4億8500万年前～）
- ② シルル紀（約4億4400万年前～）
- ② デボン紀（約4億1900万年前～）
- 石炭紀（約3億5900万年前～）
- ③⑥④⑦⑤ ペルム紀（約2億9900万年前～）
- ⑧⑨ 三畳紀（約2億5200万年前～）
- ⑩ ジュラ紀（約2億100万年前～）
- ⑨⑪⑫ 白亜紀（約1億4500万年前～）
- 古第三紀（約6600万年前～）
- 新第三紀（約2300万年前～）

同じ化石産地の番号でも、○や□でその生きものの生きていた時代が違います

QUIZ

① 古生代から現代まで同じような姿で生き残っているのはどの生きものの仲間？

② 3億年繁栄した三葉虫最後の「シュードフィリップシア」は何時代にいた？

③ 奇妙な形の二枚貝の仲間「厚歯二枚貝」が2種類います。なんという名前？

答えは95ページ

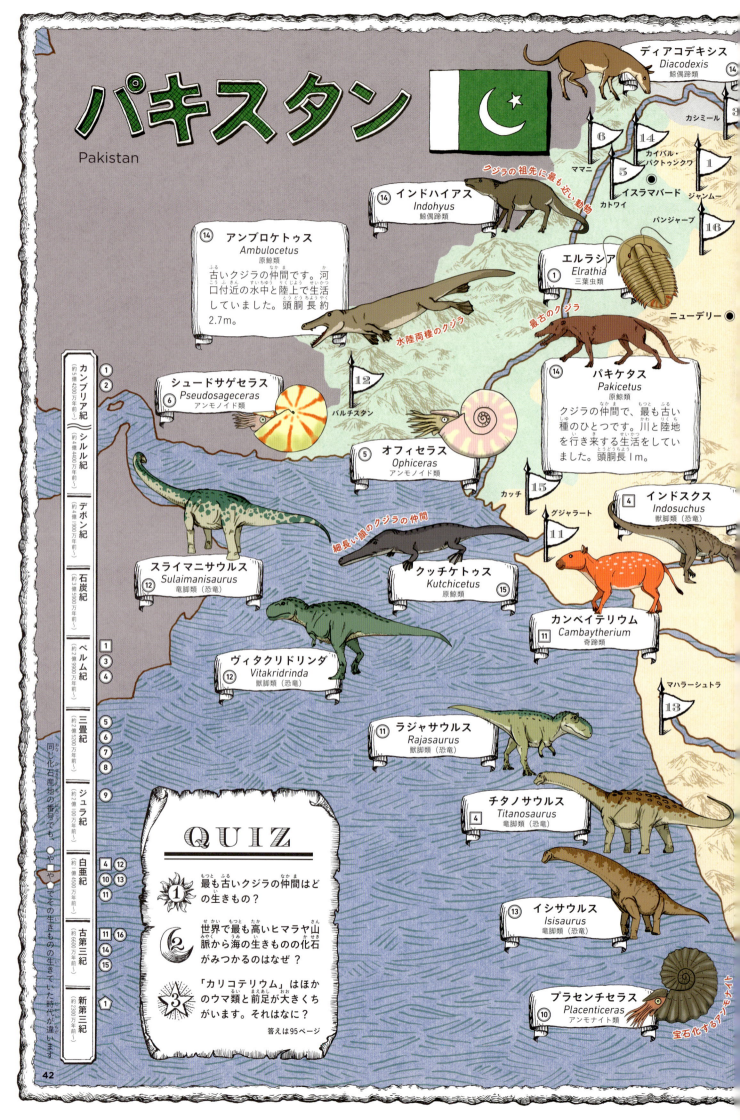

モンゴル
Mongol Uls

QUIZ

1. いろいろな恐竜の特徴をあわせたような姿の「デイノケイルス」の全長は？
2. アジア最強の「タルボサウルス」は、モンゴル以外だとどの国にいるでしょう？
3. ワニでもトカゲでも恐竜でもない「コリストデラ類」なんという生きもの？

答えは95ページ

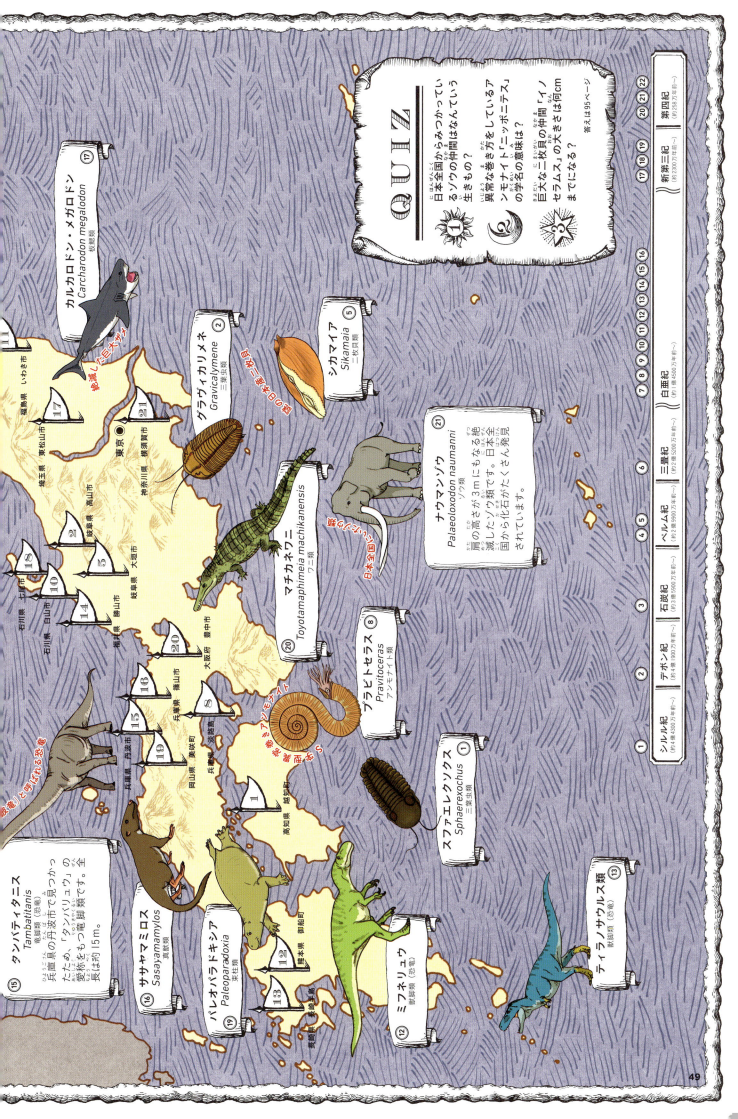

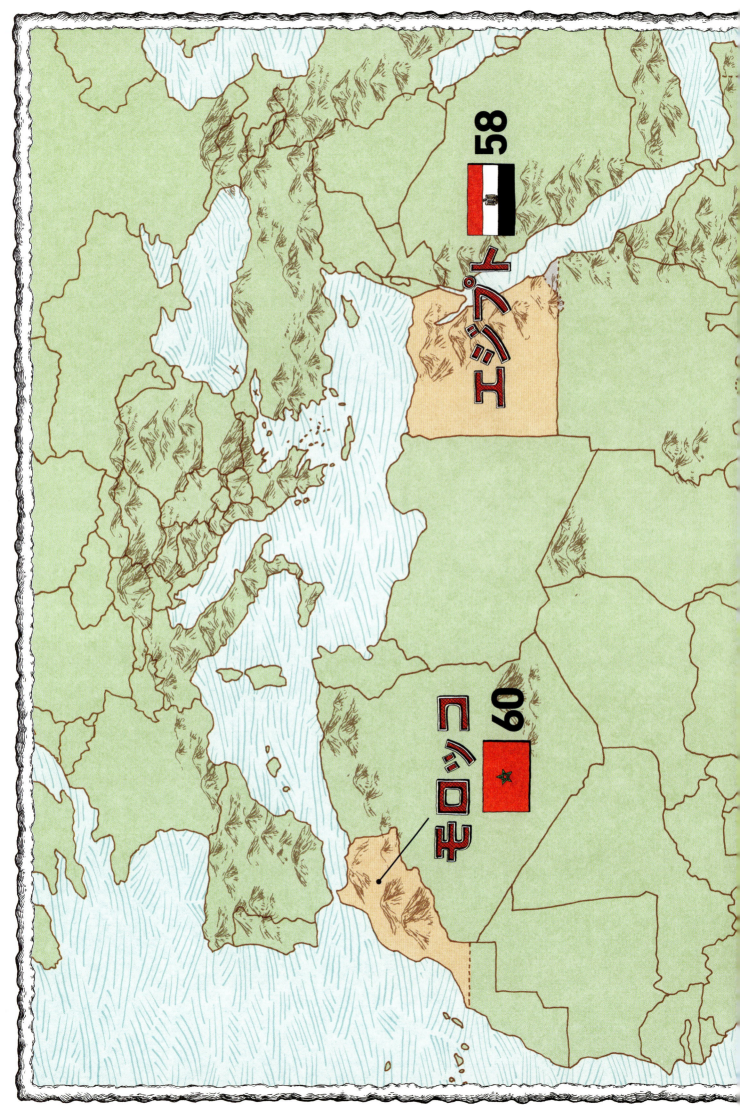

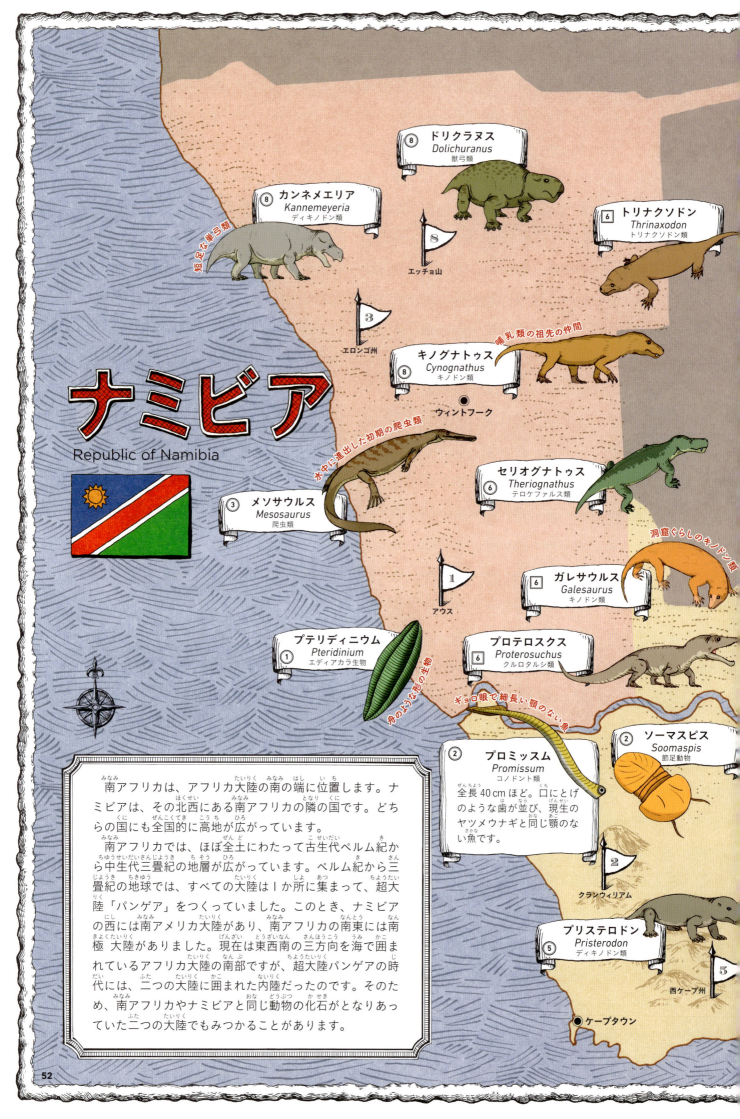

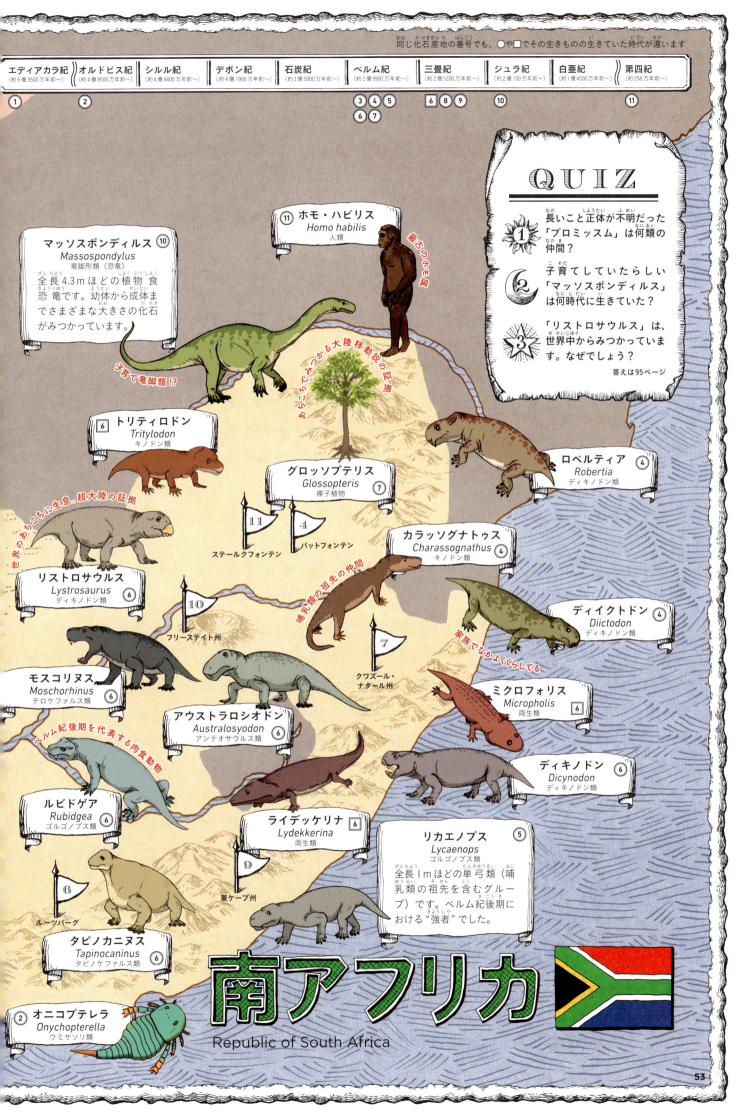

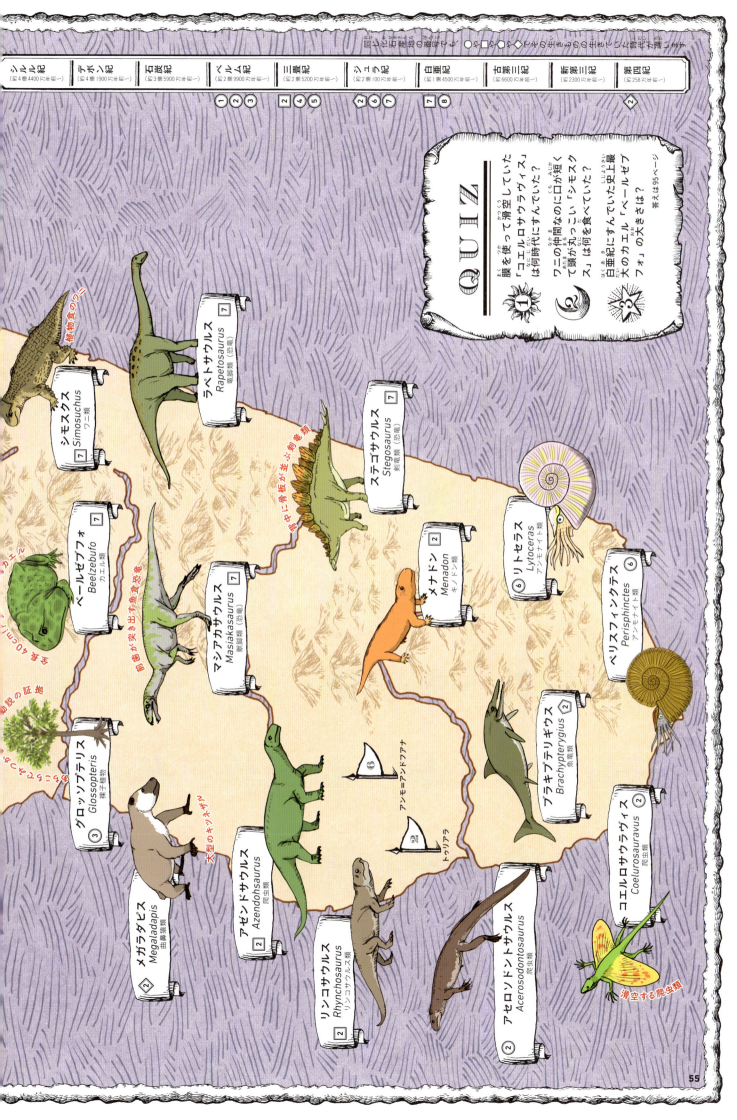

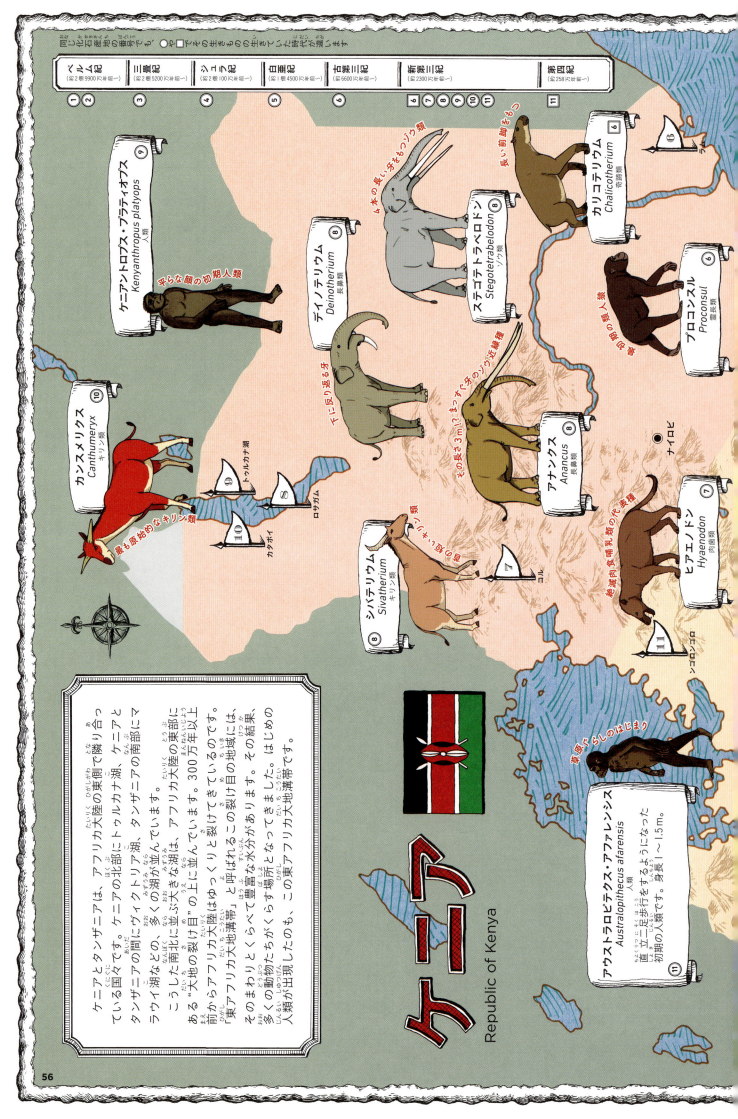

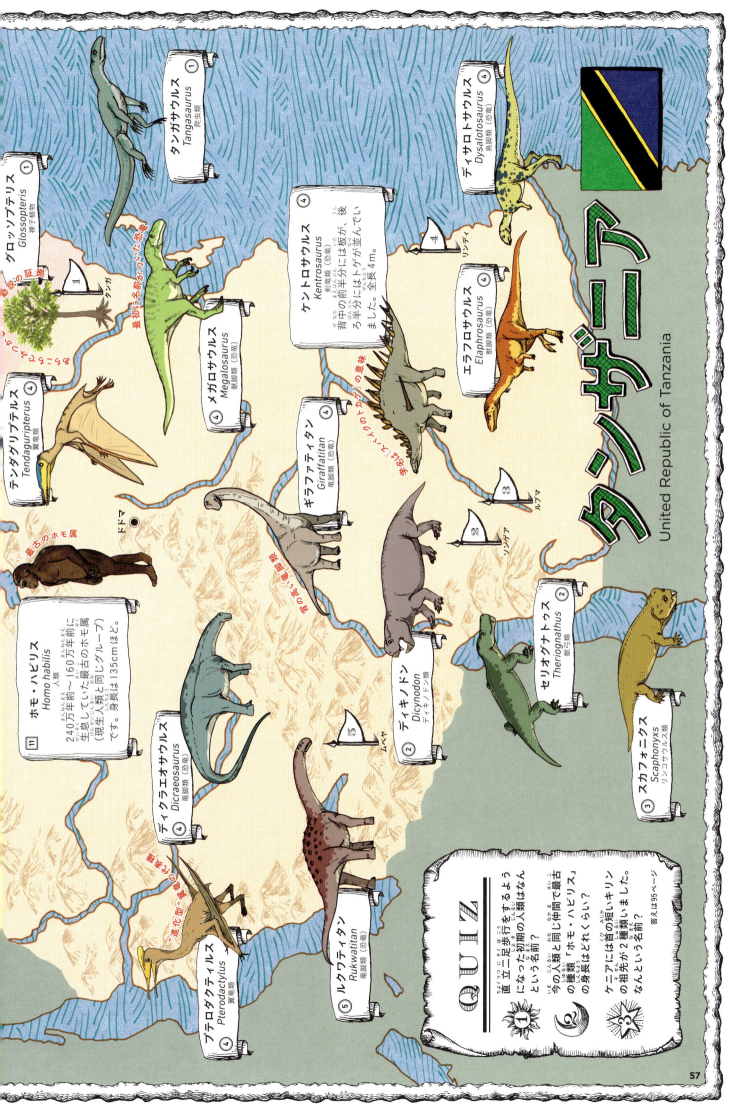

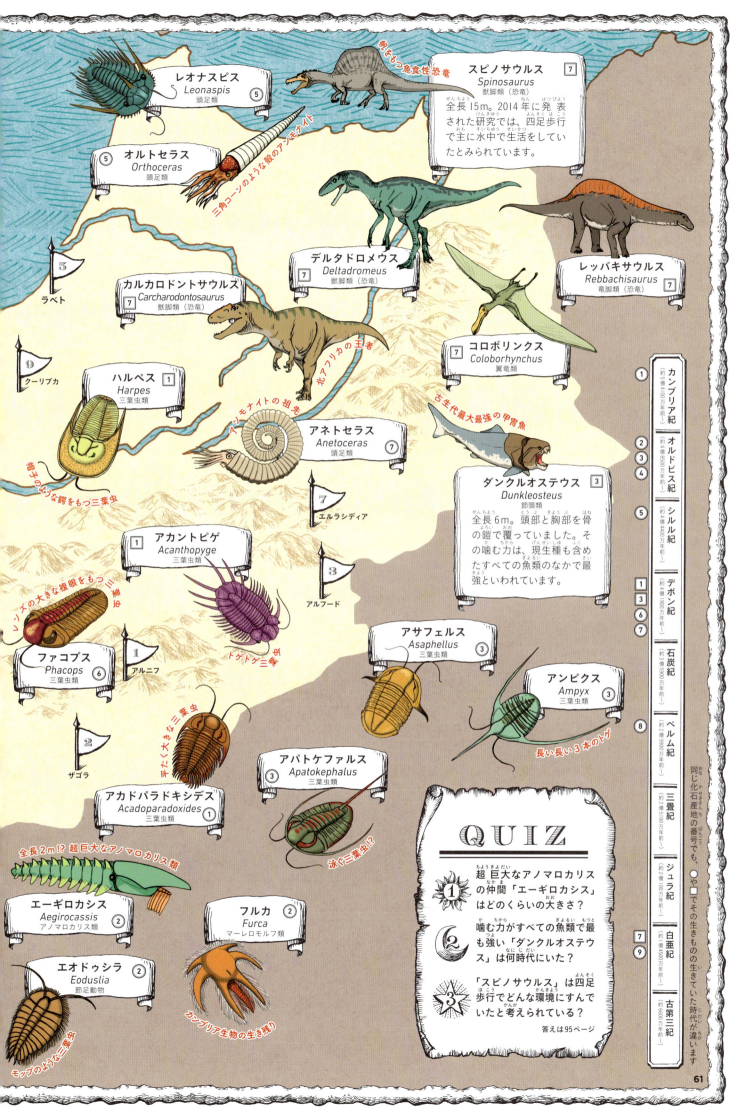

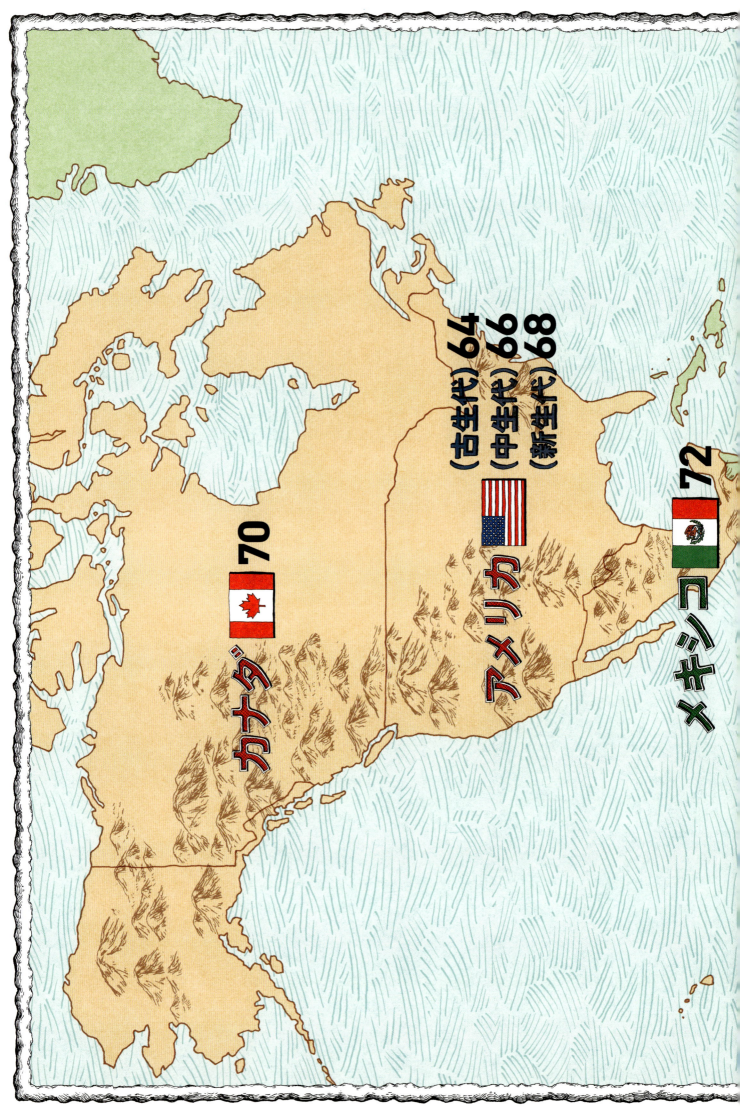

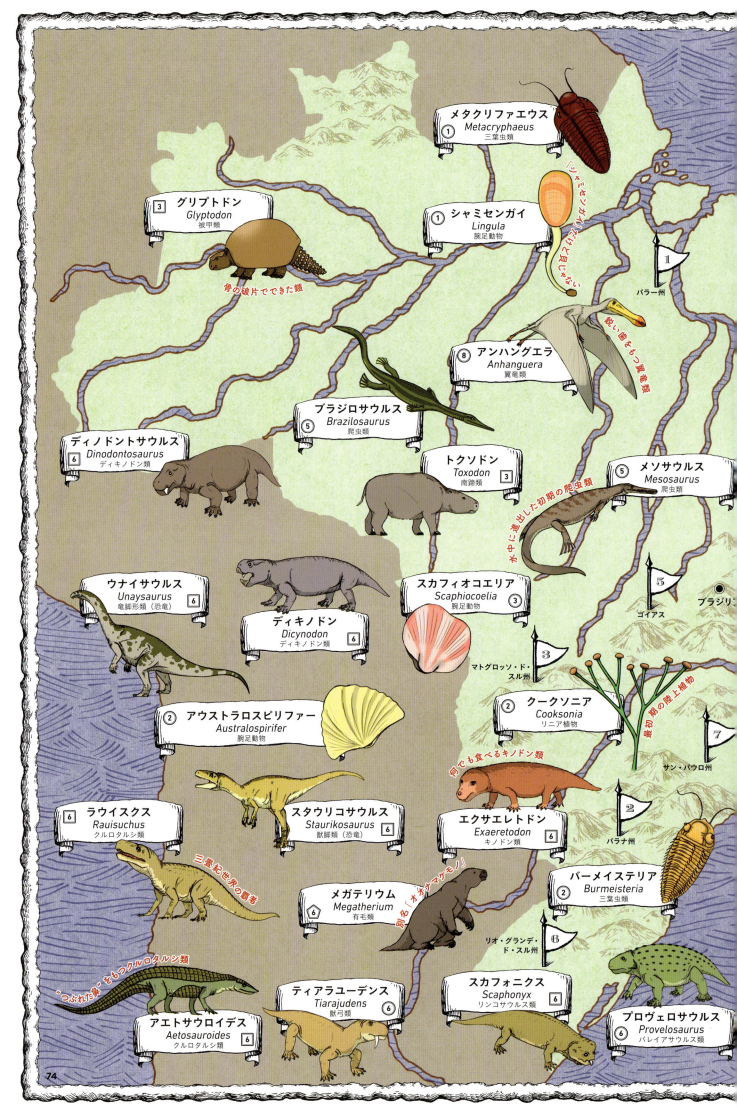

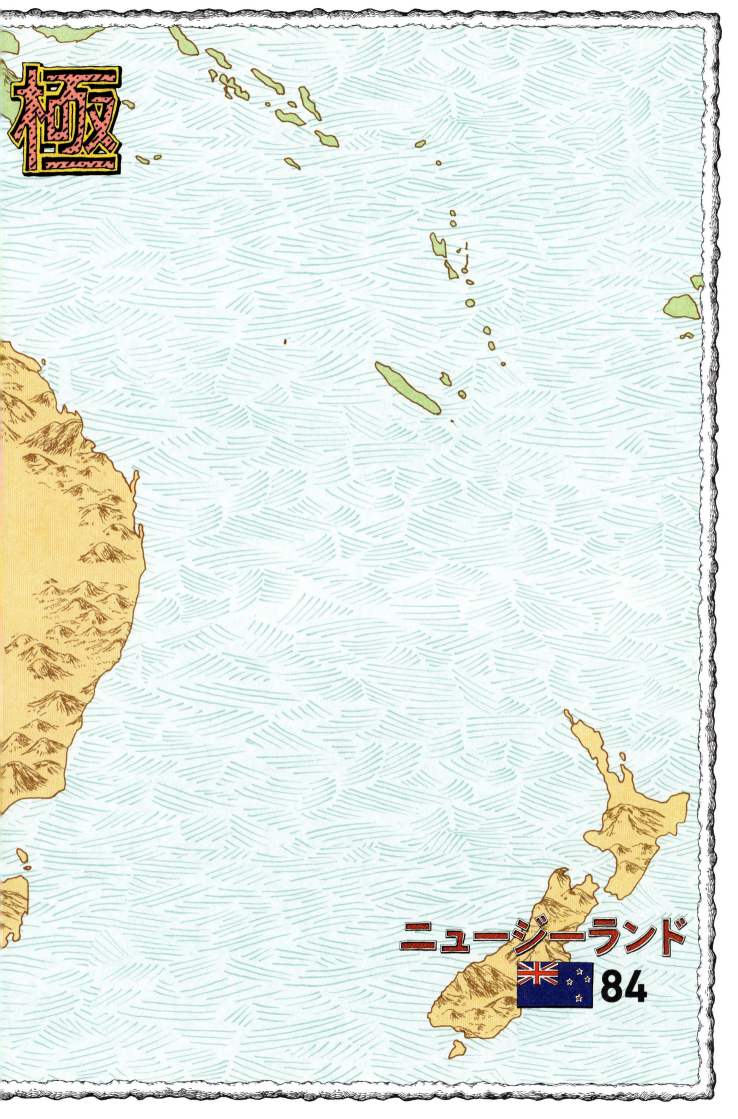

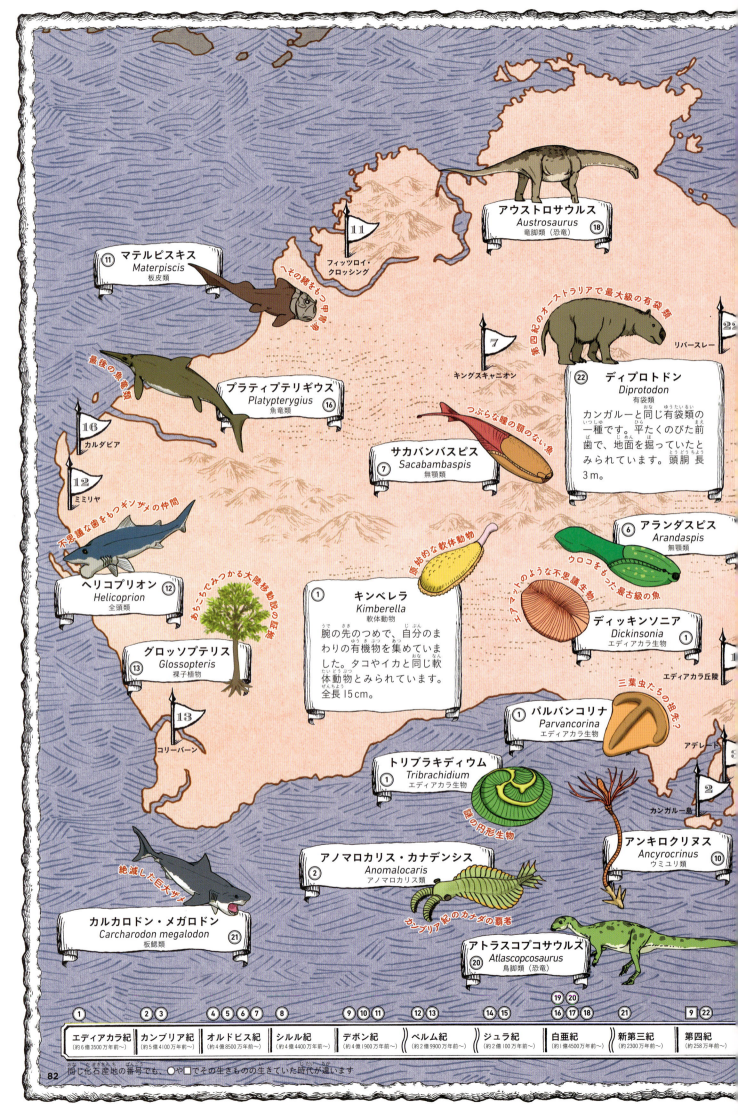

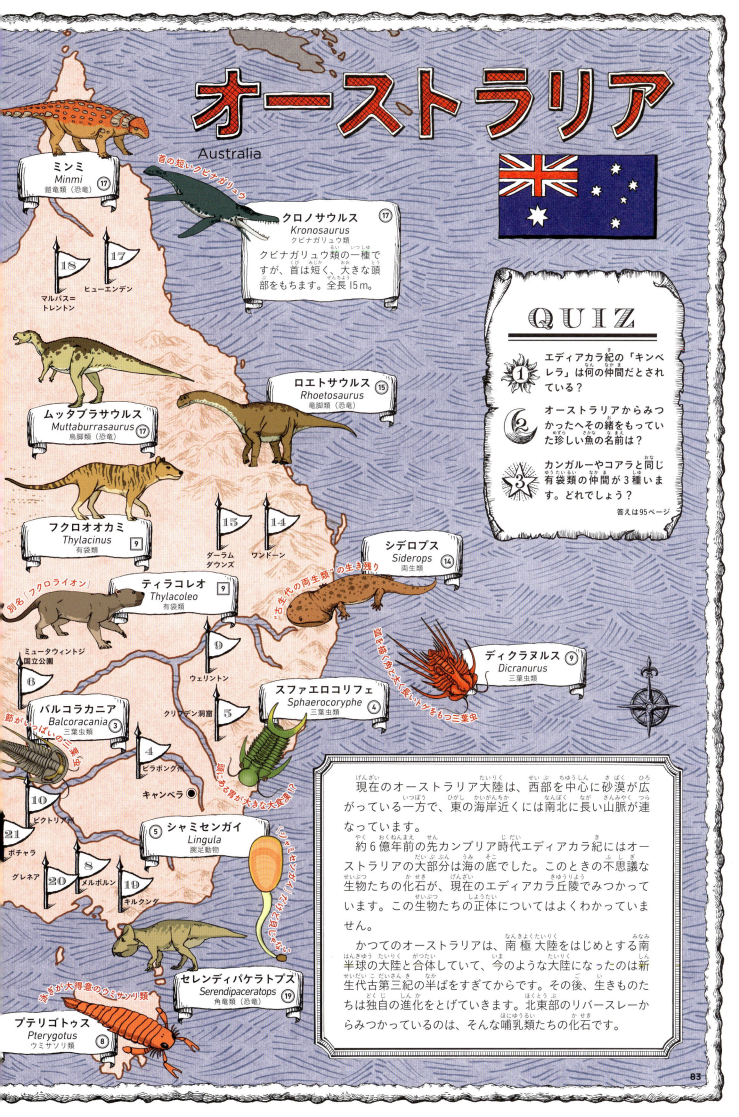

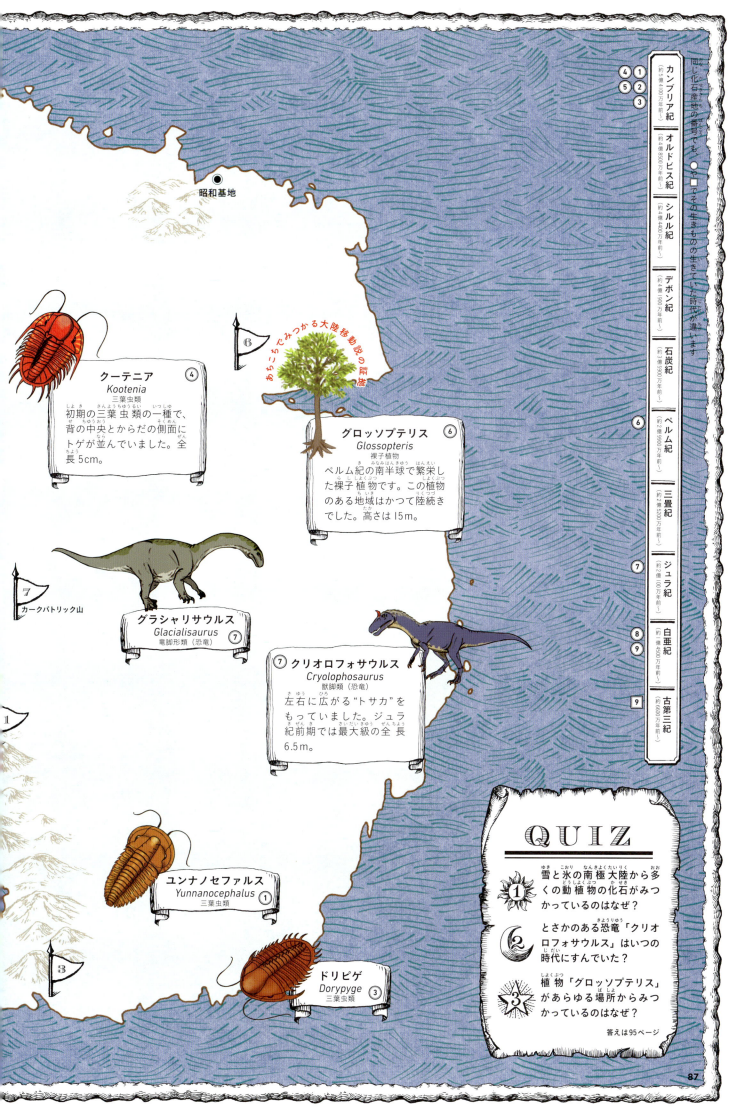

INDEX
さくいん

アーヴェカスピス 6-7	アサフス・コワレフスキー 10-11, 16-17, 40-41	アルバロフォサウルス 48-49
アークティヌルス 8-9, 64-65, 70-71	アジアトスクス 14-15	アルベルテッラ 72-73
アーケオプテリクス 14-15	アスピドセラス 14-15	アロサウルス 34-35, 66-67
アーケロン 66-67	アセロソドントサウルス 54-55	アロダポスクス 22-23
アースロプレウラ 12-13, 24-25, 64-65	アゼンドサウルス 54-55	アンキロクリヌス 26-27, 82-83
アウストラロシオドン 52-53	アタカマティタン 78-79	アンキロサウルス 66-67, 70-71
アウストラロスピリファー 74-75, 76-77	アトポデンタツス 46-47	アンタークトペルタ 86-87
アウストラロピテクス・アファレンシス 56-57	アトラスコプコサウルス 82-83	アンタルクトサウルス 76-77
アウストロサウルス 82-83	アナゴードリセラス 54-55	アンハングエラ 74-75
アウラコプレウラ 28-29	アナンクス 56-57	アンピクス 60-61
アエゴクリオセラス 78-79	アヌログナトゥス 14-15	アンフィキオン 20-21
アエトサウルス 6-7, 14-15, 28-29	アネトセラス 40-41, 46-47, 60-61	アンフィリカス 70-71
アエトサウロイデス 74-75	アノマロカリス・カナデンシス 70-71, 82-83	アンブロケトゥス 42-43
アカステ 84-85	アノマロカリス・サーロン 46-47	アンペロサウルス 26-27, 32-33
アガティセラス 20-21	アパトケファルス 60-61	イグアノドン 12-13, 22-23, 24-25, 26-27, 34-35, 44-45
アカドパラドキシデス 28-29, 60-61	アマルガサウルス 78-79	イクチオサウルス 12-13, 24-25, 30-31, 72-73, 78-79
アカントーデス 26-27	アメリカライオン 70-71	イクチオステガ 6-7
アカントステガ 6-7	アランダスピス 82-83	イシサウルス 42-43
アカントピゲ 18-19, 28-29, 60-61, 64-65	アリストネクテス 86-87	イスキガラスティア 78-79
アキダスピス 12-13	アリゾナサウルス 66-67	イソキシス 6-7
アクチノセラス 8-9	アルケオテリウム 68-69	イソクリヌス 18-19
アクチノペルティス 18-19, 34-35	アルセステス 38-39	イソテルス 64-65
アクモニスチオン 12-13	アルゼンチノサウルス 78-79	イソロフス 64-65
アグリオプレウラ 38-39	アルドゥスピリファー 24-25	イノストランケビア 40-41
アクロスピリファー 84-85	アルバートネクテス 70-71	イノセラムス・ホベツエンシス 48-49
アサフェルス 60-61		

イミトセラス 78-79	エノプロウラ 64-65	カートリンカス 46-47
イレヌス 8-9	エラスモサウルス 66-67	カイサリア 20-21
インドスクス 42-43	エラスモテリウム 20-21	カイフェケア 84-85
インドハイアス 42-43	エラフロサウルス 56-57	カイルク 84-85
インドリコテリウム 46-47	エリオプス 64-65	カヴィラムス 30-31
インロング 46-47	エリプソケファルス 16-17, 18-19	カオタイア 42-43
ヴィタクリドリンダ 42-43	エリムノセラス 38-39	カガナイアス 48-49
ウインタクリヌス 66-67	エルベノセラス 18-19	ガストルニス 14-15, 26-27, 68-69
ウェインベルギナ 14-15	エルラシア 42-43, 64-65	カタコエロセラス 30-31
ウエウエカナウトルス 72-73	エンクリヌルス 8-9, 10-11, 20-21, 28-29, 60-61	カニス・ディルス 68-69, 72-73
ウェツリコラ 46-47		カニングトニセラス 48-49
ヴェラフロンス 72-73	エンテロドン 18-19, 26-27, 46-47	カマラサウルス 34-35, 66-67
ヴェロキラプトル 44-45	エンドセラス 70-71	カミンゲラ 24-25
ウクライナスピス 20-21	オオウミガラス 6-7, 8-9, 12-13, 26-27, 32-33, 34-35, 68-69, 70-71	カメロセラス 64-65
ウタツサウルス 48-49		カラッソグナトゥス 52-53
ウナイサウルス 74-75	オーエディゲラ 6-7	カリオクリニテス 70-71
ウラリカス 32-33, 34-35, 60-61	オーストラリセラス 40-41	カリコテリウム 42-43, 46-47, 56-57
ウルグアイスクス 76-77	オオツノシカ 12-13	ガリミムス 44-45
エウステノプテロン 70-71	オステオドントルニス 68-69	カリメネ 16-17, 84-85
エウディモルフォドン 28-29	オタリオン 18-19	カルカロドン・メガロドン 16-17, 18-19, 24-25, 26-27, 32-33, 34-35, 48-49, 68-69, 72-73, 76-77, 78-79, 82-83, 84-85
エーギロカシス 60-61	オドントケリス 46-47	
エオドゥシラ 60-61	オニコプテレラ 52-53	
エオラディオリテス 38-39	オパビニア 70-71	カルカロドントサウルス 58-59, 60-61
エオラプトル 78-79	オフィセラス 42-43	カルシノソマ 10-11, 64-65, 70-71
エカパラドキシデス 18-19	オフタルモサウルス 6-7, 26-27, 40-41, 72-73	カルニオディスクス 70-71
エクサエレトドン 74-75		カルノタウルス 78-79
エコプトチレ 34-35	オルトセラス 8-9, 10-11, 12-13, 16-17, 24-25, 26-27, 28-29, 46-47, 60-61, 84-85	ガレサウルス 52-53
エジプトピテクス 58-59		カンスメリクス 56-57
エスタインギア 86-87		ガンナライテス 86-87
エダフォサウルス 64-65	オルトメルス 24-25	カンネメエリア 40-41, 52-53
エドモントサウルス 66-67	オルニトミムス 66-67	カンプロパキコーペ 8-9
エドモントニア 66-67	オレネルス 72-73	カンベイテリウム 42-43
エナリアークトス 68-69	オレノイデス 70-71	ギガノトサウルス 78-79
	オンニア 60-61	

キクロロブス 42-43, 54-55	ケナガマンモス 12-13, 14-15, 24-25, 40-41, 48-49, 68-69, 70-71, 72-73	ササヤマミロス 48-49
キシロコリス 12-13		サッココマ 18-19
キノグナトゥス 52-53, 78-79	ケニアントロプス・プラティオプス 56-57	サルタサウルス 78-79
キベロイデス 8-9		ザルモクセス 22-23
キマトセラス 54-55, 86-87	ケファラスピス 12-13	サンタナケリス 74-75
キャモドゥス 30-31	ゲムエンディナ 14-15	シカマイア 48-49
ギラファティタン 56-57	ケリグマケラ 6-7	シコピゲ 60-61
キルトプロエトゥス 24-25	ゲロトラックス 6-7, 8-9, 14-15	シデロプス 82-83
キンベレラ 40-41, 82-83	ゲロバトラクス 64-65	シバテリウム 40-41, 56-57
キンボスポンディルス 8-9, 30-31	ケントロサウルス 56-57	シメドサウルス 68-69, 70-71
グアンロン 46-47	コエラカントゥス 54-55	シモサウルス 38-39
クークソニア 20-21, 74-75	コエルロサウラヴィス 12-13, 14-15, 54-55	シモスクス 54-55
クーテニア 72-73, 86-87	コエロフィシス 66-67	ジャイアントモア 84-85
クセノディスカス 42-43, 84-85	ゴードリセラス 72-73	シャスタサウルス 72-73
クッチケトゥス 42-43	ゴギア 32-33, 72-73	シャミセンガイ 16-17, 18-19, 38-39, 74-75, 82-83
クテナカントゥス 18-19, 42-43	コタサウルス 42-43	
グラヴィカリメネ 48-49	ゴティカリス 8-9	シュードサゲセラス 42-43
グラシャリサウルス 86-87	コティロリンクス 64-65	シュードフィリップシア 20-21, 38-39
クラドセラケ 64-65	コテコプス 14-15	ジュペダリア 8-9
クリオプテリギウス 8-9	ゴニオフォリス 24-25, 32-33, 34-35	ジュラマイア 46-47
クリオロフォサウルス 86-87	ゴビコノドン 32-33	ショニサウルス 28-29, 66-67
クリダステス 72-73	コルポコリフェ 34-35	シレサウルス 16-17
グリプトドン 72-73, 74-75, 76-77, 78-79	コロニセラス 28-29, 30-31	シンシナティクリヌス 64-65
クリマティウス 12-13	コロボリンクス 60-61	シンダーハンネス 14-15
クレトクシリナ 66-67, 70-71	コロンビアマンモス 68-69, 70-71, 72-73	シンディオケラス 68-69
グロッソプテリス 42-43, 46-47, 52-53, 54-55, 56-57, 72-73, 74-75, 76-77, 78-79, 82-83, 86-87	コンカベナトル 32-33	スーパーサウルス 34-35, 66-67
	ゴンフォテリウム 18-19, 58-59, 72-73	スカファイテス 84-85
	コンプソグナトゥス 14-15, 26-27	スカフィオコエリア 74-75
クロノサウルス 82-83	コンボストレア 48-49	スカフォニクス 56-57, 74-75, 78-79
グロビデンス 24-25, 60-61	サイカニア 44-45	スキピオニクス 28-29
クワジマラ 48-49	サウロスクス 78-79	スキフォクリニテス 18-19, 28-29
ケイチョウサウルス 46-47	サウロロフス 44-45	スクアリコラックス 18-19
ケイロピゲ 48-49	サカバンバスピス 82-83	スクテラム 24-25, 28-29

スクトサウルス 40-41	ダーウィノプテルス 46-47	デイノケイルス 44-45
スコサウルス 34-35	ダクチリオセラス 12-13, 14-15, 32-33	デイノスクス 66-67
スタウリコサウルス 74-75	ダケントルルス 26-27, 32-33, 34-35	デイノテリウム 20-21, 56-57
スタゴノレピス 16-17	ダコサウルス 30-31	ディドントサウルス 74-75
ステゴサウルス 54-55, 66-67	タニストロフェウス 26-27, 30-31	デイノニクス 66-67
ステゴテトラベロドン 56-57	タニファサウルス 48-49, 84-85	ディバステリウム 12-13
ステゴマストドン 74-75, 76-77, 78-79	タピノカニヌス 52-53	ディプロカウルス 60-61, 64-65
ステノディクティア 26-27	タミシオカリス 6-7	ディプロトドン 82-83
ステノプテリギウス 14-15	タラソドロメウス 74-75	ディプロモセラス 24-25
ステラーカイギュウ 40-41, 68-69	タルボサウルス 40-41, 44-45	ディミトベルス 84-85
ストルティオサウルス 22-23, 32-33	ダルマニチナ 34-35	ディメトロドン 64-65
スピノクリオセラス 18-19	ダルマニテス 10-11	ティモリテス 38-39
スピノサウルス 58-59, 60-61	タンガサウルス 56-57	ディモルフォドン 12-13
スピリファー 10-11, 28-29	ダンクルオステウス 60-61	ティラコスミルス 78-79
スファエレクソクス 48-49	タンバティタニス 48-49	ティラコレオ 82-83
スファエロコリフェ 8-9, 82-83	チタノサウルス 42-43, 54-55	ティラノサウルス 66-67, 70-71, 72-73
スフェノディスカス 24-25	チャオフサウルス 46-47	ティラノサウルス類 48-49
スミロドン 68-69, 72-73, 74-75, 76-77, 78-79	チャンプソサウルス 26-27, 66-67, 70-71	ティロサウルス 8-9, 66-67, 70-71
	チョイア 6-7	ディロング 46-47
スライマニサウルス 42-43	チョイリア 44-45	デケネラ 24-25
ズンガリプテルス 44-45	ディアコデキシス 42-43	テコドントサウルス 16-17
セイムリア 64-65	ティアラユーデンス 74-75	デスマトスクス 66-67
セイロクリヌス 14-15	ディクトドン 52-53	デスモスチルス 40-41, 48-49, 68-69
セグノサウルス 44-45	ティキノスクス 30-31	デスモセラス 54-55
セラウルス 64-65	ディキノドン 52-53, 56-57, 74-75	テラタスピス 64-65
セラティテス 70-71	ティクターリク 70-71	テリジノサウルス 44-45
セラトダス 58-59	ディクラエオサウルス 56-57	デルタテリディウム 44-45
セリオグナトゥス 52-53, 56-57	ディクラヌルス 18-19, 60-61, 64-65, 82-83	デルタドロメウス 60-61
セルピアノサウルス 30-31	ディクラノペルティス 8-9	テロドゥス 10-11, 20-21
セレノペルティス 26-27, 32-33, 34-35, 60-61	ディサロトサウルス 56-57	テンダグリプテルス 56-57
セレンディパケラトプス 82-83	ディスコサウリスクス 18-19	デンドロキスティテス 18-19
ソーマスピス 52-53	ディスプラヌス 34-35	デンドロキストイデス 12-13
ダーウィニウス 14-15	ディッキンソニア 20-21, 40-41, 82-83	トアテリウム 78-79

トゥパンダクティルス 74-75	ネウケンサウルス 76-77	ハルキゲニア・フォルティス 46-47
トゥリアサウルス 32-33	ネオスピリファー 84-85	バルコラカニア 82-83
トゥリテス 38-39	ネオロバイテス 38-39	バルトの琥珀 10-11
トゥリモンストゥルム 64-65	ネセウレトゥス 38-39	バルバンコリナ 82-83
トクソドン 74-75, 76-77, 78-79	ネミアナ 20-21	ハルペス 60-61
ドメイコダクティルス 78-79	ネミセラス 38-39	パレオカリヌス 12-13
ドラコニクス 34-35	ノトサウルス 26-27, 28-29, 30-31, 32-33, 38-39, 46-47	パレオパラドキシア 48-49
ドラボヴィア 34-35		パロニコドン 22-23
トリアドバトラクス 54-55	バーメイステリア 74-75, 76-77	パンデリクティス 10-11, 40-41
ドリグナトゥス 14-15	ハイノサウルス 8-9, 24-25	パンブデルリオン 6-7
ドリクラヌス 52-53	ハイポディクラノタス 64-65	ヒアエノドン 18-19, 26-27, 32-33, 44-45, 56-57, 68-69, 70-71
トリケラトプス 66-67, 70-71	パウディティタン 22-23	
トリコノドン 26-27	パキケタス 42-43	ビエノテロイデス 44-45
トリティロドン 52-53	パキケファロサウルス 66-67	ピストサウルス 28-29
トリナクソドン 52-53	パキディスカス 24-25, 38-39	ヒッパリオン 20-21, 68-69
トリニサウラ 86-87	パキプレウロサウルス 30-31	ピナコサウルス 44-45
ドリピゲ 86-87	バキュリテス 24-25, 32-33	ヒラコテリウム 68-69
トリブラキディウム 40-41, 82-83	バシロサウルス 12-13, 42-43, 58-59, 68-69, 86-87	ヒロノムス 70-71
トルヴォサウルス 34-35		ファコプス 60-61
ドルドン 58-59, 68-69	バシロトリタス 20-21	ファルカトゥス 64-65
ドルマーロキオン 24-25, 32-33, 68-69	ハツェゴプテリクス 22-23	プイジラ 70-71
ドレパナスピス 14-15	パッサロテウティス 14-15	フィリップシア 48-49
ドレパノサウルス 28-29	ハプロセラス 18-19, 26-27	フウインボク 70-71
トレマタスピス 10-11	バラウール 22-23	ブエネルス 6-7
トロゴンテリーマンモス 12-13, 18-19, 28-29	パラスピリファー 64-65	フォルスラコス 78-79
トロピドレプトゥス 74-75	パラセノセラス 38-39	フクイサウルス 48-49
ドロマエオサウルス 40-41	パラセラウルス 8-9, 10-11	フクイティタン 48-49
ナウマンゾウ 48-49	パラセルティテス 28-29	フクイラプトル 48-49
ナムロピゲ 24-25	パラドキシデス 16-17, 32-33	フクロオオカミ 82-83
ナンキノリタス 28-29	パラプラコドゥス 28-29, 30-31	プシッタコサウルス 40-41, 44-45, 46-47
ニクトサウルス 66-67	パラリティタン 58-59	フタバサウルス 48-49
ニッポニテス 48-49	ハルキエリア 6-7	プテラスピス 20-21
ニッポノサウルス 40-41	ハルキゲニア・スパルサ 70-71	プテラノドン 66-67

プテリゴトゥス 8-9, 10-11, 12-13, 16-17, 18-19, 40-41, 64-65, 70-71, 82-83	プログナトドン 24-25, 28-29, 84-85	ホマロケファレ 44-45
プテリディニウム 52-53	プロコンスル 56-57	ホマロノタス 84-85
プテロダクティルス 14-15, 26-27, 56-57	プロテロスクス 42-43, 52-53	ホモ・ハビリス 52-53, 56-57
ブマスタス 8-9, 20-21	プロトケラトプス 44-45	ホモテリウム 18-19
ブラキプテリギウス 54-55	プロトスクス 16-17, 66-67	ホラアナグマ 12-13, 22-23, 28-29, 32-33
ブラキメトプス 24-25	プロトファスマ 26-27	ホラアナライオン 12-13, 32-33, 40-41
フラグモセラス 28-29	プロトラキセラス 32-33	ポリコティルス 26-27
プラコドゥス 16-17, 28-29	プロピナコセラス 38-39	ポロノスクス 16-17
ブラジロサウルス 74-75	プロミッスム 52-53	ボロファグス 68-69, 72-73
プラセンチセラス 42-43	プロリビテリウム 58-59	マーチンソニア 8-9
プラティクリニテス 38-39	ベールゼブフォ 54-55	マウイサウルス 84-85, 86-87
プラティストロフィア 8-9, 32-33	ベザノサウルス 30-31	マウソニア 74-75
プラティプテリギウス 40-41, 78-79, 82-83	ヘスペロキオン 68-69, 70-71	マカイロドゥス 20-21, 40-41, 72-73
プラティベロドン 46-47, 68-69	ヘスペロルニス 66-67	マグナパウリア 72-73
プラテオサウルス 6-7, 30-31	ペデルペス 12-13	マクラウケニア 76-77
プラテカルプス 60-61	ヘプタステオルニス 22-23	マクロクネムス 30-31
プラビトセラス 48-49	ヘミキオン 68-69	マシアカサウルス 54-55
ブランキオサウルス 18-19	ヘリコプリオン 40-41, 46-47, 64-65, 70-71, 72-73, 82-83	マジャーロサウルス 22-23
プリオサウルス 8-9, 12-13, 40-41, 78-79	ペリスフィンクテス 54-55	マジュンガサウルス 54-55
プリオヒップス 68-69	ベルニッサルティア 24-25	マストドン 58-59
プリステロドン 52-53	ペレカニミムス 32-33	マチカネワニ 48-49
プリマスピス 18-19	ベレムネロカマックス 8-9, 10-11	マッソスポンディルス 52-53
フルイタフォソール 66-67	ヘレラサウルス 78-79	マテルピスキス 82-83
フルカ 18-19, 60-61	ペロネウステス 14-15	マメンチサウルス 46-47
フレキシカリメネ 64-65	ペンタクリヌス 84-85	マレイテス 42-43
プレシオサウルス 12-13, 14-15, 24-25, 26-27, 40-41, 72-73, 78-79, 84-85	ボエダスピス 10-11, 40-41	マンテリサウルス 32-33
	ポストスクス 66-67	ミグアシャイア 10-11
フレボレピス 8-9, 10-11, 40-41	ボスリオキダリス 10-11	ミクソサウルス 30-31
プロアルセステス 38-39	ボスリオスポンディルス 54-55	ミクソプテルス 8-9, 10-11, 46-47
プロヴェロサウルス 74-75	ボスリオレピス・カナデンシス 70-71	ミクロディクティオン 72-73
プロガノケリス 14-15	ホプロスカフィテス 24-25	ミクロフォリス 52-53
	ホプロフォネウス 68-69	ミクロブラキス 18-19
		ミクロムファリテス 38-39

93

ミクロラプトル 46-47	モノクロニウス 72-73	リネスクス 42-43
ミケリノセラス 28-29	モルガヌコドン 30-31, 66-67	リライノサウルス 32-33
ミフネリュウ 48-49	モロプス 68-69	リリエンステルヌス 30-31
ミメタスター 14-15	ユウティラヌス 46-47	リロセラス 28-29, 54-55
ミロクンミンギア 46-47	ユートレフォセラス 18-19, 38-39, 72-73	リンガフィリップシア 24-25
ミンミ 82-83	ユーボストリコセラス 48-49	リンコサウルス 54-55
ムッタブラサウルス 82-83	ユーラズダルコ 22-23	リンコレピス 8-9
メガテリウム 68-69, 74-75, 76-77, 78-79	ユーリノサウルス 30-31	リンボク 70-71
メガネウラ 26-27	ユーリプテルス 40-41, 64-65	ルクワティタン 56-57
メガフィリテス 38-39	ユーロヒップス 14-15	ルシタノサウルス 34-35
メガラダピス 54-55	ユーロペジャラ 32-33	ルビドゲア 52-53
メガランコサウルス 28-29	ユンナノセファルス 86-87	レオナスピス 28-29, 60-61
メガログラプトゥス 64-65	ライデッケリナ 52-53	レッバキサウルス 60-61
メガロサウルス 12-13, 16-17, 22-23, 24-25, 26-27, 30-31, 34-35, 56-57	ラウイスクス 74-75	レドリキア 86-87
	ラエヴィスクス 42-43	レノキスティス 14-15
メガンテレオン 26-27, 32-33	ラエチコダクティルス 30-31	レプティクティディウム 14-15
メギストクリヌス 84-85	ラジャサウルス 42-43	レプトキオン 68-69
メギストテリウム 58-59	ラディアスピス 18-19	レプトネクテス 30-31
メソサウルス 52-53, 74-75, 76-77	ラパレントサウルス 54-55	レペノマムス 46-47
メソヒップス 68-69	ラフィオフォルス 28-29	レモプレウリデス 12-13
メタクリファエウス 74-75, 76-77	ラブドドン 22-23, 32-33	ロウリンハサウルス 34-35
メタレゴセラス 38-39	ラプラタサウルス 76-77	ロエトサウルス 82-83
メトポサウルス 34-35	ラペトサウルス 54-55	ロベルティア 52-53
メトリオリンクス 26-27, 78-79	ラリオサウルス 30-31	ロボク 70-71
メナドン 54-55	ランフォリンクス 14-15, 34-35	ロンキディオン 42-43
メリチップス 68-69	リードシクティス 12-13	ワーゲノコンカ 78-79
メリディオナリスマンモス 20-21, 22-23, 26-27, 28-29, 32-33, 40-41	リオプレウロドン 26-27	ワーゲノセラス 38-39
	リカエノプス 52-53	ワイマヌ 84-85
モササウルス 24-25, 32-33, 40-41, 60-61, 84-85	リストロサウルス 42-43, 46-47, 52-53	ワリセロプス 60-61
	リトセラス 54-55	ワルブルゲラ 20-21
モスコリヌス 52-53	リニア 12-13	

参考文献

※本書の各データは刊行時のものです

○一般書籍

『エディアカラ紀・カンブリア紀の生物』
(監修)群馬県立自然史博物館／(著)土屋健／2013年刊行／技術評論社

『オルドビス紀・シルル紀の生物』
(監修)群馬県立自然史博物館／(著)土屋健／2013年刊行／技術評論社

『デボン紀の生物』
(監修)群馬県立自然史博物館／(著)土屋健／2014年刊行／技術評論社

『石炭紀・ペルム紀の生物』
(監修)群馬県立自然史博物館／(著)土屋健／2014年刊行／技術評論社

『三畳紀の生物』
(監修)群馬県立自然史博物館／(著)土屋健／2015年刊行／技術評論社

『ジュラ紀の生物』
(監修)群馬県立自然史博物館／(著)土屋健／2015年刊行／技術評論社

『白亜紀の生物 上巻』
(監修)群馬県立自然史博物館／(著)土屋健／2015年刊行／技術評論社

『白亜紀の生物 下巻』
(監修)群馬県立自然史博物館／(著)土屋健／2015年刊行／技術評論社

『古第三紀・新第三紀・第四紀の生物 上巻』
(監修)群馬県立自然史博物館／(著)土屋健／2016年刊行／技術評論社

『古第三紀・新第三紀・第四紀の生物 下巻』
(監修)群馬県立自然史博物館／(著)土屋健／2016年刊行／技術評論社

『コンサイス 外国地名事典【第3版】』
(監修)谷岡武雄／(編)三省堂編修所／1998年刊行／三省堂

『図解入門 最新 地球史がよくわかる本【第2版】』
(著)川上紳一・東條文治／2009年刊行／秀和システム

『新版 地学事典』
(編)地学団体研究会／1996年刊行／平凡社

『生物30億年の進化史』
(著)ダグラス・パルマー／2000年刊行／Newton Press

『生命と地球の進化アトラス 1』
(著)リチャード・T・J・ムーディ、アンドレイ・ユウ・ジュラヴリョフ／2003年刊行／朝倉書店

『生命と地球の進化アトラス 2』
(著)ドゥーガル・ディクソン／2003年刊行／朝倉書店

『生命と地球の進化アトラス 3』
(著)イアン・ジェンキンス／2004年刊行／朝倉書店

『日本列島の誕生』(著)平 朝彦／1990年刊行／岩波書店

『NHKスペシャル 地球大進化 1』
(編)NHK「地球大進化」プロジェクト／2004年刊行／NHK出版

『NHKスペシャル 地球大進化 2』
(編)NHK「地球大進化」プロジェクト／2004年刊行／NHK出版

『NHKスペシャル 地球大進化 3』
(編)NHK「地球大進化」プロジェクト／2004年刊行／NHK出版

『NHKスペシャル 地球大進化 4』
(編)NHK「地球大進化」プロジェクト／2004年刊行／NHK出版

『NHKスペシャル 地球大進化 5』
(編)NHK「地球大進化」プロジェクト／2004年刊行／NHK出版

『NHKスペシャル 地球大進化 6』
(編)NHK「地球大進化」プロジェクト／2004年刊行／NHK出版

『EVOLUTION OF FOSSIL ECOSYSTEMS, SECOND EDITION』
(著)PAUL SELDEN・JOHN NUDDS／2012年刊行／MANSON PUBLISHING

○Webサイト

Federal Department of Foreign Affairs FDFA／https://www.eda.admin.ch/eda/en/home.html
PALEOMAP Project／http://www.scotese.com/
The Paleobiology Database／https://paleobiodb.org/

ほか、学術論文多数

クイズの答え

○グリーンランド／①イクチオステガ ②水の中の有機物をこしとっていた ③オーエディゲラ
○ノルウェー＆スウェーデン／①新生代第四紀 ②明るさ ③リンコレピス
○エストニア＆ラトビア＆リトアニア／①古生代デボン紀の終わりに北アメリカの一部と繋がっていたから ②両生類 ③トレマタスピス
○イギリス／①古生代デボン紀 ②3m ③メガロサウルス
○ドイツ／①フンスリュック、ホルツマーデン、ゾルンホーフェン、メッセル ②ゾルンホーフェン ③イーダ
○ポーランド／①恐竜形類 ②水のなか ③ワニは脚がからだの横からのびていて、プロトスクスはからだの下にのびている
○チェコ／①新生代新第三紀 ②3種類 ③ウニやヒトデの仲間
○ウクライナ／①エディアカラ生物 ②古生代デボン紀 ③サイは鼻先に、エラスモテリウムは額にツノが生える
○ルーマニア／①ホラアナグマ ②12m ③獣脚類の仲間
○ベルギー／①30体以上 ②中生代白亜紀 ③貝の仲間
○フランス／①メガネウラ ②ゴキブリ ③植物
○イタリア／①全長21m ②前脚のツメ ③ウミユリ類
○スイス／①イタリア ②3m以上 ③中生代三畳紀
○スペイン／①1844年 ②60cm ③かつては小さな島にすんでいたため
○ポルトガル／①中生代ジュラ紀まではアメリカ大陸とつながっていたから ②消化器官 ③中生代三畳紀
○サウジアラビア＆オマーン／①シャミセンガイ ②古生代ペルム紀 ③エオラディオリテス、アグリオプレウラ
○ロシア／①全身を長い毛でおおい、肛門にもふたができた ②約3億年前 ③イノストランケビア
○インド＆パキスタン＆ネパール／①パキケタス ②新生代新第三紀まで海だったから ③ほかのウマ類はひづめだが、カリコテリウムはかぎづめをもっている
○モンゴル／①全長11m ②ロシア ③チョイリア
○中国／①古生代カンブリア紀 ②ミロクンミンギア ③オドントケリスはおなか側にしか甲らがない
○日本／①ナウマンゾウ ②日本の化石 ③約60cm
○南アフリカ＆ナミビア／①コノドント類(無顎類) ②中生代ジュラ紀 3.すべての大陸がひとつになっていた超大陸パンゲアの時代に生きていたから
○マダガスカル／①古生代ペルム紀 ②植物 ③40cm
○ケニア＆タンザニア／①アウストラロピテクス・アファレンシス ②135cmほど ③シバテリウム、カンスメリクス
○エジプト／①中生代白亜紀 ②ドルドンには後ろ脚がある ③肉歯類
○モロッコ／①全長2m ②古生代デボン紀 ③水中で生活していたと考えられている
○アメリカ(古生代)／①口がからだの下側ではなく先端についている ②海果類 ③10m
○アメリカ(中生代)／①アメリカ大陸が海によって、東と西に分断されていたから ②全長4m ③デイノスクス
○アメリカ(新生代)／①オステオドントルニスはくちばしに歯のような突起がついている ②ヒラコテリウム、メソヒップス、メリチップス、ヒッパリオン、プリオヒップス
○カナダ／①古生代カンブリア紀 ②75個 ③ウミリンゴ類
○メキシコ／①6600万年前 ②新生代新第三紀末 ③歯が1列になった歯車のような形
○ブラジル／①クルロタルシ類 ②全長3.8m ③北アメリカ大陸
○ウルグアイ／①6m ②古生代ペルム紀には南アメリカ大陸とアフリカ大陸がつながっていたから ③滑距類
○アルゼンチン＆チリ／①古生代ペルム紀 ②全長36m ③フォルスラコス
○オーストラリア／①軟体動物の仲間 ②マテルピスキス ③ティラコレオ、フクロオオカミ、ディプロトドン
○ニュージーランド／①カイルク、ワイマヌ ②全長10m以上 ③ジャイアントモア
○南極／①新生代までは緑豊かな大地だったから ②中生代ジュラ紀 ③この植物がみつかっている地域はかつて地続きだったから

THE PREHISTORIC LIFE MAP OF THE WORLD

著者：土屋 健
オフィスジオパレオント代表。サイエンスライター。金沢大学大学院自然科学研究科博士前期課程終了。修士（理学）。科学雑誌『Newton』の記者・編集者、部長代理を経て独立し、現職。

監修：芝原暁彦
福井県福井市生まれ、理学博士・学芸員。2007年筑波大学生命環境科学研究科博士課程修了。独立行政法人・産業技術総合研究所の特別研究員などを経て、2011年4月より地質標本館所属。専門は古生物学および3D-CADで、有孔虫の化石群集解析や、ボーリングデータベースの三次元的可視化などに携わる。

恐竜・古生物イラスト：ActoW（イラスト：徳川広和・山本浩司・山本彩乃・大野理恵／資料製作：小泉智弘）
博物館展示や商品・書籍用の恐竜・古生物復元模型・イラスト・CG等製作。復元模型は国内だけでなく、スウェーデン・ウプサラ大学・進化博物館にも採用されている。また恐竜・古生物関連のワークショップ企画、書籍編集協力等、「古生物学」の面白さを伝える様々な活動を行っている。

地図・他イラスト：阿部伸二（KARERA）

AD＋デザイン：佐藤亜沙美（サトウサンカイ）

本文デザイン：三瓶可南子

世界の恐竜MAP
驚異の古生物をさがせ！

2016年8月3日　初版第一刷発行
2022年6月1日　　第四刷発行

著者
土屋 健

発行者
澤井聖一

発行所
株式会社エクスナレッジ
https://www.xknowledge.co.jp/
〒106-0032
東京都港区六本木7-2-26

問合先
（編集）TEL:03-3403-1381
FAX:03-3403-1345
info@xknowledge.co.jp
（販売）TEL:03-3403-1321
FAX:03-3403-1829

無断転載の禁止
本書掲載記事（本文、写真等）を当社および著作権者の許諾なしに無断で転載（翻訳、複写、データベースへの入力、インターネットでの掲載等）することを禁じます。